PHOTOSHOP
电商产品
精修实战

吾淘网 飞鸟（钱琪琳）编著

人 民 邮 电 出 版 社

北 京

图书在版编目（CIP）数据

Photoshop电商产品精修实战 / 飞鸟（钱琪琳）编著
. -- 北京 : 人民邮电出版社, 2017.10 （2024.7重印）
ISBN 978-7-115-46576-4

Ⅰ．①P… Ⅱ．①飞… Ⅲ．①图象处理软件 Ⅳ.
①TP391.413

中国版本图书馆CIP数据核字(2017)第187796号

内 容 提 要

本书是一本专业的产品图精修技法学习用书，主要根据不同材质、不同结构的产品进行划分，有针对性地讲解了不同的修图技巧与手法。

本书从零基础开始，针对修图前的基本理论、基础方法和注意事项等进行了一系列的讲解。在实战部分，根据不同的光影关系、结构和材质将产品进行分类，如塑料类、金属类、玻璃类，以及光影、结构和材质都较为复杂的产品，由易到难、循序渐进地讲解了产品修图的不同方法与技巧，通过这几大类典型材质的产品教会大家修图与材质的关系、修图与结构的关系、修图与光影的关系，以及修图与色彩的关系。本书内容细致而全面，系统性和可读性较强，方便读者举一反三。

本书适合电商设计师、产品修图师、网店美工及相关专业的学生学习和使用。同时，本书为读者提供了所有案例的源文件和辅助教学视频。

◆ 编　著　吾淘网　飞　鸟（钱琪琳）

责任编辑　赵　迟

责任印制　陈　犇

◆ 人民邮电出版社出版发行　　北京市丰台区成寿寺路 11 号

邮编 100164　电子邮件 315@ptpress.com.cn

网址 http://www.ptpress.com.cn

廊坊市印艺阁数字科技有限公司印刷

◆ 开本：787×1092　1/16

印张：19.75　　　　　　2017 年 10 月第 1 版

字数：630 千字　　　　 2024 年 7 月河北第 12 次印刷

定价：129.00 元

读者服务热线：(010)81055410　印装质量热线：(010)81055316
反盗版热线：(010)81055315
广告经营许可证：京东市监广登字 20170147 号

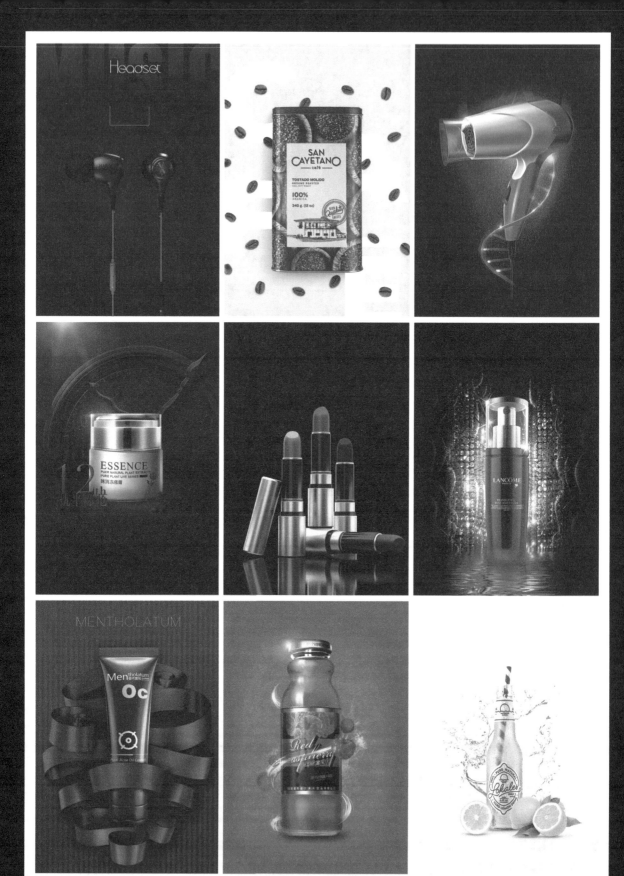

前言
PREFACE

■ 关于本书

这是一本讲解电商产品修图技法的专业书籍。

目前，我们生活在一个互联网较发达的时代，"电商"已经成为生活中非常常见的关键词，可以说，有网络的地方就有电商。电商中展示的产品有别于实体店的商品，它摸不着，无法让买家亲身感受其触感及真实效果。除了一些必要的产品介绍以外，买家大多会通过视觉感受来判断产品的好坏，因此电商产品效果图的好坏成为了是否达成买家购买的关键因素之一。

本书主要解决的是如何通过"修图"这种数字艺术类型的技术手段，让电商设计师、后期修图师或电商从业人员把产品图片更加完美地呈现在买家面前，从而刺激买家的购买欲望，以达到销售的目的。

■ 本书结构与特色说明

本书共分为10章。

第1章为基础篇，主要介绍一些在产品修图前必须要了解的知识及必须要掌握的基本方法。

第2章为调色篇，主要通过在修图中常见的食品实例，教大家修图与色彩的关系，以及在修图中调色的基本方法。

第3章~第10章为实战篇，主要根据产品不同的光影和材质对实例进行划分，从在修图中结构和材质都较为简单的洗面奶包装塑料产品的修图方法开始，由易到难、循序渐进地对塑料产品、金属产品、玻璃产品，以及光影、结构和材质都较为复杂的产品进行详细而全面的分析与讲解，目的是让大家全面掌握产品修图的核心知识与方法。

本书附带下载资源，其中包含本书实例的辅助教学视频，以及所有实例的产品原图和用于辅助学习的PSD格式文件。这些资源均由笔者亲自整理而成，读者可以结合下载资源进行学习。

■ 注意事项

本书为一本系统、专业的实战型产品修图教程，在利用本书学习修图时，实例中所使用的修图方法并没有严格的限制。不过，在练习的过程中还是建议大家先使用相同的操作步骤与方法，当深入了解并熟练掌握了修图的核心要领与操作技法之后，再融会贯通地使用。此外，在利用本书学习修图时，主要应掌握修图的方式与方法，而不必拘泥于参数设置，可根据实际需要对参数进行相应调整。

钱琪琳

2017年6月

导读
INTRODUCTION

■ **版式说明**

结构划分：本书分为基础和实战两大部分。基础部分的讲解与产品修图紧密结合，针对性强，方便读者快速了解产品修图的核心理论，掌握产品修图的核心技法。实战部分针对不同光影和材质的产品修图进行讲解，开篇均设置了产品分析、修图要点、核心步骤等知识板块，方便读者在学习实例前能快速掌握该类型产品的修图要领。同时，针对每个实例的讲解，都会根据产品的结构进行合理的划分，针对不同结构进行细致的修图技法分析与讲解，结构合理，讲解思路清晰、到位。

下载资源：辅助教学视频和相应素材均在下载资源中，方便读者查看。

强调与说明：在讲解过程中，必要的部分配有技巧提示内容，便于读者理解，使读者能更加深入地学习与掌握产品修图的方法与技巧。

步骤讲解：有对操作方法的讲解，也有对实例的深入分析。

■ **学习建议**

在学习本书前，首先需要做好自我学习的定位，明确自己是一个产品修图爱好者，还是准备长期经营并想要自己负责产品修图的淘宝店家。作为前者，此书中涉及的一些较详细和较基础的修图知识会让你受益匪浅；如果你是后者，那么本书由浅到深的实例知识可以让你系统地将自身的修图水平提升到一个新境界。

本书涉及的修图入门知识、修图基本技巧，以及由浅入深、由易到难的实例讲解形式，适用于各个阶段学习者。

在学习本书时，建议先仔细领会开篇的基础修图知识，这对学习后面产品修图实战部分的光影分析会有很大的帮助。

■ **资源下载说明**

本书第2章~第10章附带所有案例的源文件和辅助教学视频，可扫描"资源下载"二维码，关注我们的微信公众号来获得下载方式。资源下载过程中如有疑问，可通过以下方式与我们联系。在学习的过程中，如果遇到问题，也欢迎您与我们交流，我们将竭诚为您服务。

客服邮箱：press@iread360.com

客服电话：028-69182687、028-69182657

资源下载

扫描二维码
下载本书配套资源

目录
CONTENTS

Ps

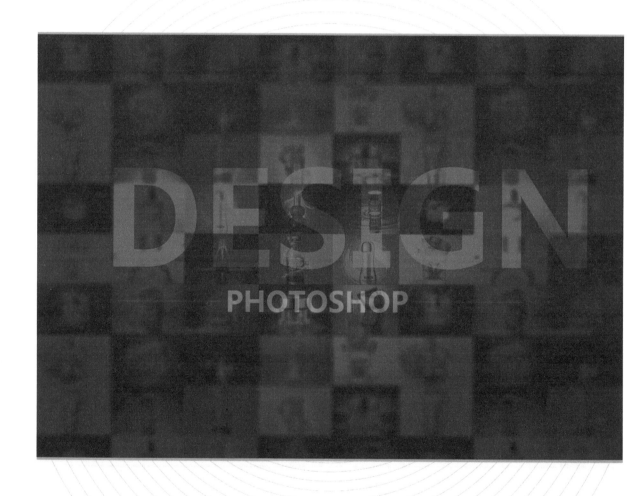

第1章

产品修图的基础知识

在网络发展迅速的今天，越来越多的人喜欢在网络上购物，因而也有越来越多的商品出现在网络商城、介绍网页及产品官方网站中。同时，随着商品的竞争越来越激烈，许多商家也都越来越注重产品的包装与宣传。网络上的产品往往是看得见、摸不着的，因此，好看而精致的产品效果图是许多商家追求的，这样的产品图无疑会更加吸引顾客的眼球，并迎合他们的购买需求。

◎ 产品修图的三大要素　　◎ 产品修图中光影的
◎ 产品修图的基本流程　　　　表现方法

1.1 产品修图的三大要素

产品修图的三大要素包括产品的光影、产品的结构和产品的材质，如图1-1所示。

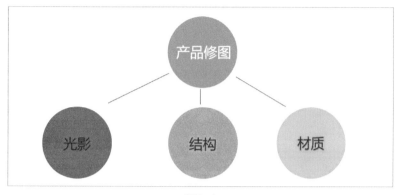

图1-1

1.1.1 产品的光影

光影可以塑造物体的体积感。图1-2左边的正方体没有光影，右边的正方体有光影，右边的正方体比左边的正方体显得更加立体。

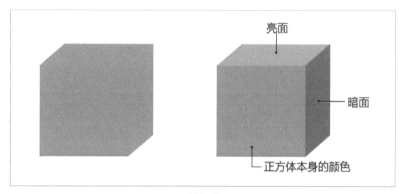

图1-2

■ **光影的构成关系**

在初学美术时，一般开始都要学习如何画几何体，目的是通过几何体的绘制了解和掌握物体的光影关系。产品修图学习也是一样，想要在后期修出合适、理想的片子，就要先了解物体的光影关系，如此才能为修图打下基础。

我们常说，面被添加上光影，才能形成体。光影可以塑造物体的体积感，而在产品修图里，我们可以通过添加光影来塑造产品的体积感。

下面以一个球体为例，给大家讲解一下明暗五调子，即光影的五大构成元素，如图1-3所示。

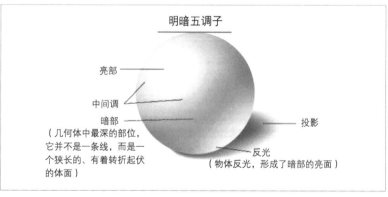

图1-3

亮部——指物体受光的部分。

中间调——又称灰面，指物体本身的颜色。

暗部——指物体受光极少或不受光的部分。

反光——指物体受光的同时，环境或周围其他物体也会受到光，这个时候会有反射光反射到物体上，从而在物体上形成反光。

投影——当我们站在阳光下，可以看见自己的影子。其他物体也是一样，受光一般就会出现投影。

■　**光影的构成原理**

上述介绍了光影的构成关系。由于光影是由光投射在物体上形成的，所以物体的受光效果，在很大程度上决定了光影的表现形式。因此，我们需要了解"光"的来源。在产品修图中，我们需要知道如何利用光影的构成关系对产品进行布光。

下面以产品修图中非常常用的单侧光为例进行介绍。

单侧光一般由3盏灯组成。针对产品摄影来说，如果在拍摄前将一盏灯直接投射到产品的左边，则会在产品的左边形成一个主光面。这时如果在产品的右边放置一块反光板，则物体的右边会形成一个辅光面。如果在产品背景前面有两盏灯直接投射到背景的反光板上，这时在产品的左右两侧则会形成反光，如图1-4~图1-6所示。

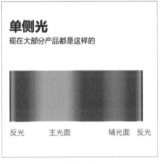

图1-4

图1-5

图1-6

1.1.2　产品的结构

任何物体都是由基本形构成的，图1-7中这个凳子就是由几个不同的圆柱体构成的。生活中许多结构复杂的物体也可以看成是由多个基本形构成的，而针对本书修图中涉及的产品，也是按照由简单到复杂的顺序来讲解的。

图1-7

1.1.3　产品的材质

针对不同材质的产品，当同样的光投射在产品表面上时会呈现出不同的光影效果。下面对一些常见材质的产品进行简单分析。

■　**塑料材质**

塑料材质又称亚光材质，当光投射在该类型材质的产品上时，光源模糊，明暗过渡均匀，反射能力较弱，如图1-8所示。

 Tips

塑料材质可以细分出硬质塑料、软质塑料和透明塑料。当光投射在硬质塑料产品上时，其反射效果比其他类型的塑料产品要强烈得多，并且在一些边缘区域会形成硬朗的光；当光投射在软质塑料产品上时，其光线过渡相比硬质塑料产品来说没那么明显，且光源较模糊，反射较小。（透明塑料材质产品和玻璃材质产品的光影表现效果有些类似，这里不做赘述。）

图1-8

- **金属材质**

　　金属材质也是一种非常常见的产品材质。当光投射在该类型材质的产品上时，反射能力较强，在产品表面呈现出由深到浅的光影过渡效果，且过渡距离较短，明暗反差较大，如图1-9所示。

⟨ **Tips** ⟩

　　针对金属材质类型的产品，在拍摄时往往容易在产品的边缘形成较硬朗的边缘，但这并不意味着任何金属材质类型的产品都要用到硬光，而是需要根据产品的实际情况，如光线的投射方向、光线的强度及产品表面的光滑程度等进行选择。

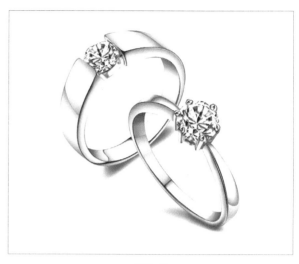

图1-9

- **玻璃材质**

　　玻璃材质的产品最大的特点就是透明，当光投射在该类型材质的产品上时，由于其反射能力较强，因此，在产品的边缘部分会有一条非常明显的边缘线，也被称为灵魂线，这在修图过程中对于表现玻璃材质的特点非常重要，如图1-10所示。

图1-10

1.2 产品修图的基本流程

1.2.1 挑选产品图

　　在产品修图前，挑选产品图是一件非常重要的事情。根据实际需求，在修图之前一般需要从很多拍摄的产品样片中挑选出产品大小合适、像素清晰度高和构图理想的图片，如图1-11~图1-13所示。

大小不合适　　　　　　大小合适

图1-11

像素清晰度低　　　　　像素清晰度高

图1-12

不理想的角度　　　　　理想的角度

图1-13

1.2.2　形态修正

在产品修图中，产品形态端正与否直接影响到后期修图效果的好坏。因此，在修图时首先需要观察产品的形态是否端正，如是否出现多余的部分，是否局部有残缺或是否出现倾斜等情况，如果存在这些情况，需要在修图时予以调整。

这里以一个口红产品为例。在图1-14中可以看到，该产品存在一定的倾斜问题，需要予以修正，修正后的效果如图1-15所示。

修正前

图1-14

修正后

图1-15

1.2.3　抠图

产品抠图是产品修图中的一个基本功。在产品修图中，抠图的目的是将产品和背景部分分开，同时拆分出各个部分，方便补光。在抠图过程中最常用的工具是"钢笔工具" 📷 。

"钢笔工具" 📷 可以绘制出弯曲的线条，将需要抠出的部分圈起来，然后通过"将路径作为选区载入"的方式来完成抠图，这是产品修图中比较常用的抠图方法。

操作步骤

01 用"钢笔工具" 📷 针对指定区域勾勒出路径，如图1-16所示。

02 将指定区域勾勒完成之后，闭合路径，按Ctrl+Enter快捷键将其转换为选区，如图1-17所示。

03 复制背景图层选区中的内容并将其"眼睛"图标 👁 关闭，之后得到图1-18和图1-19所示的面板效果和抠图效果。

图1-16

图1-17

图1-18

图1-19

1.2.4　去除杂点

在产品修图中，部分产品难免会存在一些瑕疵或杂点，如图1-20所示。因此，在修图时要细心观察，利用"修补工具" 或"仿制图章工具" 将瑕疵或杂点清除干净，清除后的效果如图1-21所示。

图1-20

图1-21

1.2.5　添加光影

在产品修图中，添加产品光影即添加产品光影的五大调，光影添加前后的对比效果如图1-22和图1-23所示。

图1-22

图1-23

1.2.6　添加瓶贴

一般的产品表面都带有LOGO和文字，而这部分往往会在添加光影的时候被遮盖住，因此，在光影添加好之后，需要将LOGO和文字重新制作上去，制作前后的对比效果如图1-24和图1-25所示。

图1-24

图1-25

1.2.7 场景渲染

在将产品的光影和瓶贴都添加好之后，产品的修图实际上就基本完成了。但有时候需要在此基础上给产品添加一定的场景效果，以起到渲染画面的作用，场景渲染前后的对比效果如图1-26和图1-27所示。

图1-26

图1-27

1.3 产品修图中光影的表现方法

在产品修图前对光影原理及光影表现的形式与方法有一定的掌握是很有必要的。

光影主要在于让平面的东西变得立体化。那么，让一个圆形变成一个球体便是添加光影。通过光影，我们可以将一个普通的圆塑造出体积感，使之成为一个球体。

下面就针对生活中常见的一些产品形态，以球体和圆柱体的绘制为例，给大家讲解不同物体形态的光影表现形式与方法。

> **Tips**
>
> 在本书中，关于绘制的讲解很多都不涉及具体数值。因为每个人对物体的视觉感受是不一样的，所以，在具体操作时，每个人需要依照自己的感觉来进行参数设置，这样才能做出效果合适的作品。

1.3.1 球体的绘制

■ **绘制流程**

绘制出物体的基本形→添加内阴影效果→绘制出高光→绘制出反光→绘制出投影→完成，如图1-28所示。

图1-28

- **绘制步骤**

第1步 绘制球体的基本形

01 在Photoshop中，按Ctrl+N快捷键，新建一个2000像素×2000像素的文档，如图1-29所示。

02 新建图层，在"工具箱"中选择"椭圆工具" ，然后在文档中绘制一个圆形，如图1-30和图1-31所示。

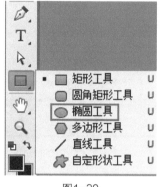

图1-29 图1-30 图1-31

第2步 添加内阴影效果

在"图层"面板右下角单击"添加图层样式"按钮，如图1-32所示。打开"图层样式"对话框，在对话框中勾选"内阴影"复选框，将"混合模式"设置为"正片叠底"，设置"不透明度"为"66%"，如图1-33所示。将图层样式设置好之后，单击"确定"按钮，最后得出图1-34所示的球体的基本效果。

图1-32 图1-33

图1-34

第3步 绘制高光

新建图层，用"椭圆工具" 在球体上绘制一个椭圆形，如图1-35所示。将椭圆形绘制好之后，在菜单栏中执行"窗口/属性"命令，在"属性"面板中调整其"羽化"值，得到图1-36所示的效果。

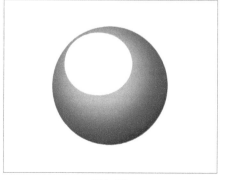

图1-35

图1-36

第4步　绘制反光

新建图层，用"钢笔工具" 沿着球体的下方边缘绘制一个反光形状，如图1-37和图1-38所示。将反光形状绘制好之后，在菜单栏中执行"窗口/属性"命令，在"属性"面板中调整其"羽化"值，得到图1-39所示的效果。

图1-37

图1-38

图1-39

> **Tips**
>
> 在绘制反光的时候，如果担心颜色上把握不准确，可暂时使用白色，待添加好投影之后，再来做整体调整，这样也是可以的。

第5步　绘制投影

01 新建图层，用"椭圆工具" 在球体的底部绘制一个椭圆形，如图1-40所示。在菜单栏中执行"窗口/属性"命令，在"属性"面板中调整其"羽化"值，得到图1-41所示的阴影效果。

图1-40

图1-41

02 新建图层，用"椭圆工具" 在靠近球体底部的位置绘制另一个椭圆形，如图1-42所示。然后在菜单栏中执行"窗口/属性"命令，在"属性"面板中调整其"羽化"值，得到图1-43所示的效果。

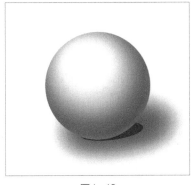

图1-42

图1-43

（1）在绘制图形前，之所以建立文档，是因为Photoshop软件绘制出的物体是由像素格构成的。在绘制之前建立大小合适的文档可以避免绘制的图形有锯齿出现。同时要注意的是，即使在较大的文档中绘制图形，也要确认绘制的图形大小是否合适，因为此时如果绘制的图形太小，在使用时也容易出现锯齿。

（2）绘制反光的时候，如果担心颜色上把握不准确，可暂时用白色代替。待添加好投影之后，根据整体效果对颜色进行微调。

（3）绘制投影的时候，应表现出其应有的层次感，这样效果才会显得真实。在现实生活中，物体的投影是有层次变化的，越靠近物体的地方，投影就越深。

1.3.2　圆柱体的绘制

■　绘制流程

绘制物体的"基本形"（结构拆分如图1-44所示）→绘制"光源"→填充物体"固有色"→添加物体"亮部"光效→添加物体"暗部"光效→添加物体"反光"效果→制造物体"亮部"与"暗部"的层次感→增加光影"细节"→添加"投影"→完成，效果如图1-45所示。

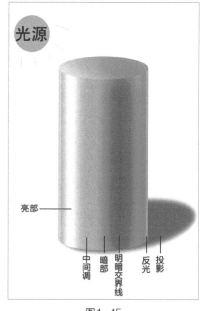

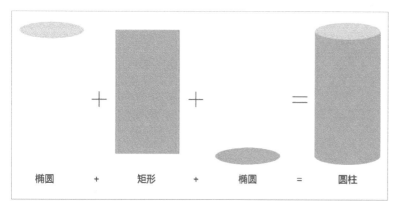

图1-44

图1-45

■　绘制步骤

第1步　绘制圆柱体的基本形

01 在Photoshop中按Ctrl+N快捷键，新建一个2000像素×2000像素的文档，如图1-46所示。

02 新建图层，在"工具箱"中选择"椭圆工具" ，然后在文档中绘制一个椭圆形，如图1-47和图1-48所示。

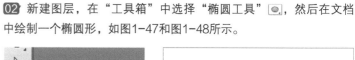

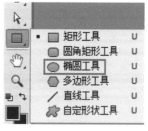

图1-46

图1-47

图1-48

03 新建图层，在"工具箱"中选择"矩形工具"▣，然后在椭圆形的下方绘制一个矩形，如图1-49和图1-50所示。

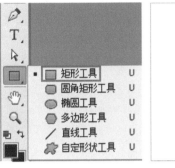

图1-49　　　　　　　　图1-50

05 这时我们会发现复制出的椭圆形和矩形的底部并没有形成一个完整的面，因此，同时选中矩形和第2个椭圆形所在图层，并按Ctrl+E快捷键进行合并，如图1-52所示。完成操作后，得到图1-53所示的效果。

图1-52　　　　　　　　图1-53

04 选中之前绘制好的椭圆形，并按住Alt键，将椭圆形复制出一个，并向下移动至矩形的底部位置，如图1-51所示。

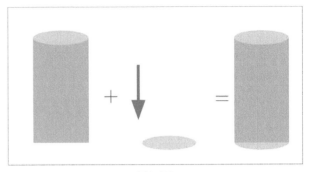

图1-51

06 将物体的基本形确定好之后，将合并后的图层命名为"弧形面"。打开"拾色器"对话框，给物体填充合适的基础色调，如图1-54和图1-55所示。

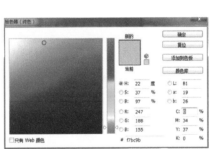

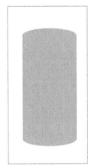

图1-54　　　　　　　　图1-55

第2步　绘制第1层亮部的效果

接下来我们开始绘制物体的光影。在绘制之前，先确定物体的光源位置与投射方向。假设光是从物体的左上方投射到物体上，那么物体的左面应该为亮部，右面则为暗部，如图1-56所示。

图1-56

01 给物体添加第1层亮部效果。新建图层，用"矩形工具"▣在圆柱体的左侧绘制一个矩形，然后填充比物体固有色浅的颜色，要避免直接选择白色，效果如图1-57和图1-58所示。

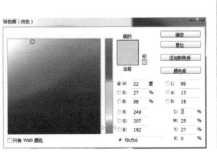

图1-57　　　　　　　　图1-58

02 这时，我们会发现上一步添加的矩形超出了圆柱体区域，这需要通过使用图层蒙版来解决。首先单击矩形和弧形面的图层，然后按Ctrl+G快捷键建图层组，将图层组命名为"弧形面"，如图1-59所示。

图1-59

03 选中"弧形面"图层，按住Ctrl键的同时单击图层中的红框区域，如图1-60所示。此时，所在图层中的"弧形面"形会出现蚂蚁线，此范围为选区，如图1-61所示。

图1-60

图1-61

04 继续选中"弧形面"图层组，并添加图层蒙版。在图层蒙版中，白色部分为该图层的显示区域，黑色部分为该图层的非显示区域，如图1-62所示。

图1-62

05 按照上一步的操作方法，给圆柱体最上方的椭圆形也建立一个图层蒙版，如图1-63所示。

图1-63

> **Tips**
>
> "图层蒙版"的作用是显示画布的一部分区域。其中，黑色区域为覆盖区，不显示任何图层内容，白色区域为显示区。具体操作时，可以用黑色或白色画笔涂抹图层蒙版，以减少或增加显示区域。

06 将上一步完成之后，观察画面，会发现亮部矩形左右两侧的边缘较显生硬。由于光的投射作用，在现实生活中的物体所呈现的效果应该是比较柔和的。

执行"滤镜/模糊/高斯模糊"菜单命令，将亮部矩形左右两侧的边缘处理得柔和、自然一些，如图1-64~图1-66所示。

图1-64

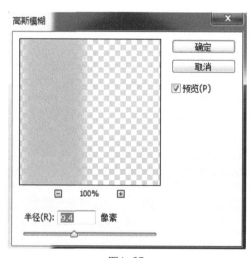

图1-65

图1-66

> **Tips**
>
> 在"高斯模糊"对话框中调整对象的模糊效果时，"半径"值设置得越大，对象越模糊，反之亦然。

第3步 绘制暗部第1层的效果

圆柱体暗部效果的制作与亮部效果的制作方法差不多，只是颜色运用上会不太一样。

01 新建图层，使用"矩形工具" ▣ 在圆柱体的右侧绘制一个矩形，并将颜色填充为比圆柱体固有色深一些的颜色，效果如图1-67和图1-68所示。

02 执行"滤镜/模糊/高斯模糊"菜单命令，对矩形进行适当的模糊处理，使其边缘柔和，效果如图1-69所示。

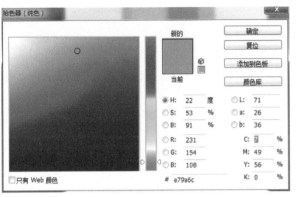

| 图1-67 | 图1-68 | 图1-69 |

到此，物体的基本立体感已经出来了，接下来给物体增加一些深层次的光影效果。

第4步 绘制亮部第2层的效果

01 新建图层，使用"矩形工具" ▣ 在第1层亮部图层的基础上绘制出一个较窄的矩形，并将图形填充为白色，效果如图1-70所示。

02 执行"滤镜/模糊/高斯模糊"菜单命令，对矩形进行适当的模糊处理，使其边缘柔和。处理时注意其模糊程度相较第1层亮部要小，效果如图1-71所示。

图1-70

图1-71

Tips

物体的明暗对比效果直接影响着物体的立体感强度，明暗对比度越强，物体的立体感就越强。

第5步 绘制亮部第3层的效果

01 新建图层，使用"矩形工具" 在前两层亮部图层的基础上绘制一条更窄的矩形，同样将其填充为白色，如图1-72所示。

02 执行"滤镜/模糊/高斯模糊"菜单命令，对矩形进行适当的模糊处理。处理时注意其模糊程度相较第2层亮部要小，效果如图1-73所示。

图1-72

图1-73

> **Tips**
>
> 以上针对亮部效果的制作分为了3层进行处理，总结下来其不同之处在于，在绘制过程中，越在上面的亮部矩形其宽度越窄，模糊的值越小，反之亦然。这样做的目的是让物体最终呈现出较好的光影层次感，同时使过渡效果更柔和，立体感也更强。
>
> 要注意的是，物体的光影层次感越强，在绘制时所需要制作的图层效果也就越多。

第6步 绘制暗部第2层的效果

01 新建图层，使用"矩形工具" 在第1层暗部图层的基础上绘制一个矩形，并填充比第1层暗部图层更深一些的颜色，效果如图1-74所示。

02 执行"滤镜/模糊/高斯模糊"菜单命令，对矩形进行适当的模糊处理。处理时注意其模糊程度比第1层暗部要小，效果如图1-75所示。

第7步 绘制暗部第3层的效果

01 新建图层，使用"矩形工具" 在前两层暗部图层的基础上绘制一个宽度更窄的矩形，效果如图1-76所示。

02 执行"滤镜/模糊/高斯模糊"菜单命令，对矩形进行适当的模糊处理。处理时注意其模糊程度比第2层暗部要小，效果如图1-77所示。

图1-74

图1-75

图1-76

图1-77

第8步　添加亮部细节

01 新建图层，使用"矩形工具" 在圆柱体的左上方绘制一个矩形，并填充比圆柱体固有色浅的颜色，效果如图1-78所示。

02 由于圆柱体的上面为一个椭圆形的面，所以，在光影处理时应适当做一下变形处理，按Ctrl+T快捷键，此时会出现一个定界框，效果如图1-79所示。

图1-78

图1-79

> **Tips**
>
> 　　对于变形效果的使用，只要将光标放在定界框的任意一个控制点上，并拖曳鼠标，就可以实现放大或缩小操作。若将光标放在矩形的边框外部，则会出现一个旋转图标 ↰，此时单击鼠标右键并拖曳鼠标，便可以对矩形进行旋转操作。其中，操作的同时按住Ctrl键可以随意拖曳控制点，而操作的同时按住Shift键可以对矩形进行等比缩放处理。

03 单击定界框中的任意一个控制点，同时按住Ctrl键，并拖曳鼠标，对矩形进行变形处理，将其调整为一个平行四边形，如图1-80所示。

04 将绘制的图形调整好之后，按Enter键进行确认，得到图1-81所示的效果。

05 与柱身的光影处理一样，执行"滤镜/模糊/高斯模糊"菜单命令，对矩形进行适当的模糊处理。处理时注意其模糊程度要合适，效果如图1-82所示。

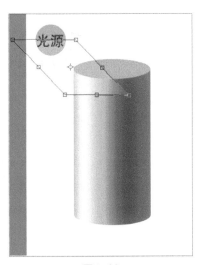

图1-80

图1-81

图1-82

第9步　添加暗部细节

01 新建图层，使用"矩形工具"  在圆柱体的右上方绘制一个矩形，并填充比圆柱体固有色深一些的颜色，得到图1-83所示的效果。

02 按Ctrl+T快捷键显示一个定界框，单击其任意一个控制点，同时按住Ctrl键向右拖曳控制点，得到图1-84所示的效果。

03 执行"滤镜/模糊/高斯模糊"菜单命令，对调整后的矩形进行适当的模糊处理。处理时注意其模糊程度要合适，处理后得到图1-85所示的效果。

图1-83

图1-84

图1-85

第10步　添加反光细节

物体的反光位置一般是在物体的边缘处，反光的绘制操作如下。

01 先绘制柱体右侧的反光。新建图层，用"钢笔工具" 在圆柱体的右侧边缘绘制一个矩形，并填充比柱体本身颜色浅许多的颜色，如图1-86和图1-87所示。

02 选中矩形所在图层，执行"滤镜/模糊/高斯模糊"菜单命令，对矩形进行适当模糊处理，效果如图1-88所示。

03 绘制柱体左侧的反光。新建图层，选中右边的反光图层，按住Alt键并用鼠标向左拖曳后复制一个反光矩形，如图1-89所示。

图1-86　　　　　图1-87

图1-88

图1-89

第11步　添加阴影细节

01 用"椭圆工具" ◎ 在圆柱体底部绘制一个椭圆，并将其填充为趋近于黑色的颜色，避免直接选择黑色，效果如图1-90所示。

02 按Ctrl+T快捷键，在椭圆上会显示出一个定界框，单击任意一个控制点，同时按住Ctrl键向上拖曳，如图1-91所示。变换好之后，按Enter键确定，得到图1-92所示的效果。

图1-90

图1-91

图1-92

03 选中椭圆所在图层，执行"滤镜/模糊/高斯模糊"菜单命令，然后对椭圆进行适当的模糊处理，效果如图1-93所示。

04 此时可以发现椭圆的颜色有些偏深，在"图层"面板中适当调整其"不透明度"，绘制完成，如图1-94所示。

图1-93

图1-94

小结

（1）在光影层次感的营造中，在绘制越上面一层的效果时，绘制的形状越窄，其模糊后的效果越不明显，反之亦然。

（2）在每一步的绘制当中，为了避免效果生硬，我们都会对绘制出的图形进行适当的模糊处理。在"高斯模糊"对话框中调整图形对象的模糊效果时，"半径"值设置得越大，图形模糊效果就越明显，反之亦然。

（3）将圆柱体绘制完之后，需要做整体检查，确保其颜色相互协调和统一，同时效果要自然、立体，避免出现生硬的边，且光影处理要合适、到位。

Ps

第2章
常用调色工具的运用

调色在食品图片修图中是最为常见的。一般情况下，食品图片往往要求食物的颜色要鲜亮，画面的色彩饱和度要高，且干净清晰，给人一种新鲜感，这样才容易让人产生食欲，并萌发品尝或购买的冲动。

◎ "创建新的填充或调整
　图层"的操作与使用

◎ "画笔工具"的使用

◎ "智能锐化"的使用

PRODUCT REFINEMENT

2.1 产品分析

在对食品图片修图之前，先来设想一下，什么样的食物会让人看着舒服，同时充满食欲呢？

一般情况下，食品图片往往要求色彩鲜亮，饱和度高，且画面要干净清晰，给人一种新鲜的感觉，如图2-1所示。据相关调查显示，在人们的视觉感受中，橙色是非常容易激起人们食欲的颜色，因此，在食品图片修图中需要特别注重调色。

图2-1

2.2 修图要点

在修图之前，先观察产品整体。除了调色以外，注意是否存在一些诸如构图、画面残缺及杂物或瑕疵等问题。观察食品中包含的颜色，同时预想出可能会使用的工具和所要着重表现的效果。三明治和酥饼修图前后的对比效果分别如图2-2和图2-3所示。

经过观察原图，可以发现产品构图理想，画面无残缺，未存在明显杂物或瑕疵，但图片颜色整体发灰，光影层次不够明显，色彩饱和度不够，色调倾向不明确。

针对以上问题，在修图过程中需要着重注意以下几点。

★　在调整图片的亮度时，注意适当即可，切忌调得太过，给人一种失真的感觉。

★　在调整图片的色调时，针对图片的具体情况，可为图片的局部添加一些橘黄色、绿色等颜色，使食物看起来让人更有食欲。

★　在对图片进行锐化处理时，切忌锐化过度，以免画面中出现过多的杂点。

修图前

修图后

→

图2-2

修图后

修图前

图2-3

2.3 核心步骤

2.3.1 三明治的调色

■ 使用"色阶"命令调整图片,效果如图2-4所示。

■ 使用"曲线"命令调整图片,效果如图2-5所示。

■ 使用"色相/饱和度"命令调整图片,效果如图2-6所示。

图2-4

图2-5

图2-6

■ 使用"亮度/对比度"命令调整图片,效果如图2-7所示。

■ 使用"纯色"命令调整图片,效果如图2-8所示。

■ 使用"智能锐化"命令调整图片,效果如图2-9所示。

图2-7

图2-8

图2-9

2.3.2 酥饼的调色

- 使用"色阶"命令调整图片，效果如图2-10所示。

图2-10

- 使用"色相/饱和度"命令调整图片，效果如图2-11所示。

图2-11

- 使用"曲线"命令调整图片，效果如图2-12所示。

图2-12

- 使用"纯色"命令调整图片，效果如图2-13所示。

图2-13

- 使用"画笔工具" 对饼身进行涂抹处理，效果如图2-14所示。

图2-14

- 使用"智能锐化"命令对图片做锐化处理，效果如图2-15所示。

图2-15

2.4 修图过程

实例位置	学习资源>CH02>常用调色工具的运用.psd
视频位置	视频>CH02>常用调色工具的运用.mp4

2.4.1 三明治的调色

01 单击"创建新的填充或调整图层"按钮 ，在下拉菜单中选择"色阶"选项，然后在对应的面板中进行参数调整，如图2-16所示。调整后的效果如图2-17所示。

02 选择"曲线"选项，然后在对应的面板中进行适当调整，如图2-18所示。调整后的效果如图2-19所示。

图2-16　　　　　图2-17

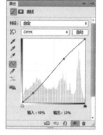

图2-18　　　　　图2-19

03 选择"色相/饱和度"选项，然后在对应的面板中进行参数调整，如图2-20所示。调整后的效果如图2-21所示。

图2-20   图2-21

04 选择"亮度/对比度"选项，然后在对应的面板中进行参数调整，如图2-22所示。调整后的效果如图2-23所示。

图2-22   图2-23

05 选择"纯色"选项，在对应的面板中选择橘黄色，如图2-24所示。将该图层的"混合模式"设为"柔光"，将"不透明度"设为50%~70%。完成后得到图2-25所示的效果。

图2-24   图2-25

06 继续选择"纯色"选项，在对应的面板中选择绿色，并添加图层蒙版，将颜色作用于图片中的绿色叶片上，如图2-26所示。将该图层的"混合模式"设为"柔光"，将"不透明度"设为50%~70%，完成后得到图2-27所示的效果。

图2-26   图2-27

07 按Ctrl+Alt+Shift+E快捷键盖印图层。然后执行"滤镜/锐化/智能锐化"菜单命令，对整体画面进行"锐化"处理，使画质更加清晰。调整后的效果如图2-28所示。

◁│Tips│▷
在对绿色叶片调色时，不宜将颜色调得太亮，只要和整体颜色协调一致即可，以免失真。

图2-28

2.4.2 酥饼的调色

01 单击"创建新的填充或调整图层"按钮 ●.，在下拉菜单中选择"色阶"选项，然后在对应的面板中进行参数调整，如图2-29所示。调整后的效果如图2-30所示。

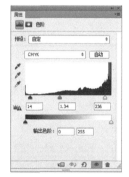

图2-29

图2-30

02 选择"色相/饱和度"选项，然后在对应的面板中进行参数调整，如图2-31所示。调整后的效果如图2-32所示。

图2-31

图2-32

03 选择"曲线"选项，然后在对应的面板中进行适当调整，如图2-33所示。调整后的效果如图2-34所示。

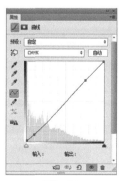

图2-33

图2-34

04 选择"纯色"选项,然后在对应的面板中选择橘黄色,添加图层蒙版,将颜色作用于酥饼馅儿的部分,如图2-35所示。将该图层的"混合模式"设为"柔光",将"不透明度"设为50%~70%。完成之后得到图2-36所示的效果。

图2-35

图2-36

05 单击工具箱中的"画笔工具" ，设置好画笔的"不透明度"。对饼身进行涂抹操作,根据涂抹的情况来决定是否调整涂抹效果的数值。将操作运用到图片中,得到图2-37所示的效果。

06 按Ctrl+Alt+Shift+E快捷键盖印图层。然后执行"滤镜/锐化/智能锐化"菜单命令,对整体画面进行锐化处理,使画质更加清晰。调整后的效果如图2-38所示。

图2-37

图2-38

小结

　　食物图片修图相对于其他产品的修图来说有些不同。在修图过程中,不必过多地注意光影的层次和过渡,其重点在于调色。在调色过程中,需确保画面明亮通透、干净清晰,食物呈现出较好的色泽效果,令人有食欲。

第3章
软面材质产品的修图技法

有修图经验的人都知道，产品修图相对于人像修图来说，在方法上存在较大差异。本次修图的产品是一款材质较软的西服，面料柔软度趋于人的皮肤，所以，可以说本次的修图也类似于人像修图。

◎ "修复画笔工具"与"仿制图章工具"的运用

◎ 柔光、模糊效果的处理方法

◎ 常用调色工具的应用

PRODUCT REFINEMENT

3.1 产品分析

针对材质较软的产品，一般都习惯于采用中性灰的处理方法进行修图。在本次修图过程中，经多次尝试之后，我们发现在修图时结合"修复画笔工具" ✐ 和"仿制图章工具" ♨ 的处理方法更合适一些，大家可以尝试一下。

> **◁ Tips ▷**
>
> "中性灰"的处理可以对画面的颜色加深或减淡。在画面中用深色进行局部涂抹时，会加深此部分的颜色；用浅色进行局部涂抹时，会减淡此部分的颜色，从而可以降低画面的明暗对比度，削弱立体感，以达到修复皱褶、淡斑或让画面看起来柔和等效果。

3.2 修图要点

在修图之前，先观察产品的整体效果。检查除了调色以外，是否存在一些构图、画面残缺及杂物或瑕疵等问题。同时观察产品的颜色，预想出可能会使用的工具和要着重表现的效果。修图前后的对比效果如图3-1所示。

经过观察原图，可以发现产品构图理想，画面无残缺，衣服上存在一定的褶皱，质地不够柔和，图片颜色不够理想，色彩饱和度不够，清晰度不够。

针对以上问题，在修图过程中需要着重注意以下几点。

★　在去除衣服上的褶皱时，注意模糊效果的使用要适当，避免模糊过度，让产品失去该有的质感。

★　在调整衣服的色调时，注意微调即可，避免色差过大的现象发生。

★　在使用"中性灰"的方法处理衣服时，切忌涂抹过度，要确保效果自然真实。

修图后

修图前

图3-1

3.3 核心步骤

■ 处理衣服上的褶皱，效果如图 3-2所示。

图3-2

■ 使用"色阶"命令调整图片，效果如图3-3所示。

图3-3

■ 使用"曲线"命令调整图片，效果如图3-4所示。

图3-4

■ 使用"色相/饱和度"命令调整图片，效果如图3-5所示。

图3-5

■ 盖印图层，效果如图3-6所示。

图3-6

■ 使用"曲线"命令调整图片，效果如图3-7所示。

图3-7

■ 使用"色相/饱和度"命令调整图片，效果如图3-8所示。

■ 使用"画笔工具" 调整图片，效果如图3-9所示。

■ 使用"色阶"命令调整图片，效果如图3-10所示。

图3-8

图3-9

图3-10

■ 使用"曲线"命令调整图片，整体效果如图3-11所示。

图3-11

3.4 修图过程

实例位置	学习资源>CH03>软面材质产品的修图技法.psd
视频位置	视频>CH03>软面材质产品的修图技法.mp4

01 处理衣服上的褶皱。新建图层，在工具箱中单击"修复画笔工具" ✐ ，在工具选项栏中调整"样本" 样本: 当前和下方图层 ▼ 效果，将西服上的皱褶去掉，若使用"仿制图章工具" ▲ 进行操作方法一致。此时在衣服上的褶皱区域会出现图3-12所示的效果，在菜单栏中执行"滤镜/模糊/高斯模糊"命令，对绘制效果进行模糊处理，得到图3-13所示的效果。

02 将西服上的褶皱处理掉之后，单击"创建新的填充或调整图层"按钮 ● ，在下拉菜单中选择"色阶"选项，然后在对应的面板中进行参数调整，如图3-14所示。调整后的效果如图3-15所示。

图3-12

图3-13

图3-14

图3-15

03 选择"曲线"选项，然后在对应的面板中进行参数调整，如图3-16所示。调整后的效果如图3-17所示。

04 选择"色相/饱和度"选项，然后在对应的面板中进行参数设置，如图3-18所示。调整后的效果如图3-19所示。

图3-16

图3-17

图3-18

图3-19

05 按Ctrl+Alt+Shift+E快捷键盖印图层，效果如图3-20所示。

图3-20

06 单击"创建新的填充或调整图层"按钮 ◎.，在打开的下拉菜单中选择"曲线"选项并调整，如图3-21所示。调整后的效果如图3-22所示。

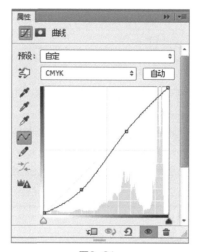

图3-21

图3-22

07 选择"色相/饱和度"选项，然后在对应的面板中进行参数设置，如图3-23所示。调整后的效果如图3-24所示。

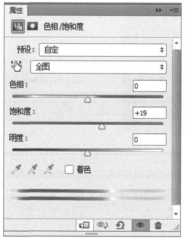

图3-23

图3-24

⊰ Tips ⊱

在调整西服的饱和度时，其目的主要是还原产品的固有色。不建议将西服的颜色调得太过，以免产品出现失真的现象。

08 新建图层，将该图层的"混合模式"改为"柔光"，并勾选"填充柔光中性色（50%灰）"复选框，如图3-25所示，单击"确定"按钮。单击工具箱中的"画笔工具" ☑，然后在画面中进行适当涂抹，如图3-26所示。调整后的效果如图3-27所示。

图3-25

图3-26

图3-27

09 单击"创建新的填充或调整图层"按钮 ○.，在下拉菜单中选择"色阶"选项，然后在对应的面板中进行参数调整，如图3-28所示。调整后的效果如图3-29所示。

Tips

这里使用"色阶"命令主要是对西服的暗调、中间调和高光进行调整。调整时注意不能让西服出现曝光过度的现象。

图3-28　　　　　　　　图3-29

10 在下拉菜单中选择"曲线"选项，然后在对应的面板中进行适当调整，如图3-30所示。调整后的效果如图3-31所示。

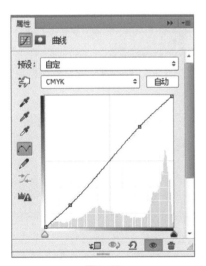

图3-30　　　　　　　　图3-31

小结　　西服一类的软面材质的产品修图有别于化妆品、电器等软硬材质的产品修图。对软面材质的产品的光影处理主要用"中性灰"的处理手法，这样得到的光影柔和而自然，无明显的光影层次和过渡效果；对化妆品、电器等软硬材质的产品的光影处理主要用绘制工具，如"钢笔工具" ☑ 或"画笔工具" ☑，这样得到的光影层次过渡明显，立体感强。

Ps

第4章

软质塑料产品的修图技法

本次修图的对象为一款包装为软质塑料的洗面奶产品。产品表面的颜色较浅，光源模糊，明暗过渡均匀，反射较小。在修图过程中应着重通过羽化处理和蒙版的使用，尽量将光影的强度表现得真实、自然。

◎ 形态的修正

◎ 内阴影和外发光效果的处理

◎ 光影层次感的表现

◎ 羽化处理与蒙版的使用

P R O D U C T   R E F I N E M E N T

4.1 产品分析

针对本产品而言，其结构主要分为瓶盖、中间金属部分和瓶身三大部分，如图4-1所示。

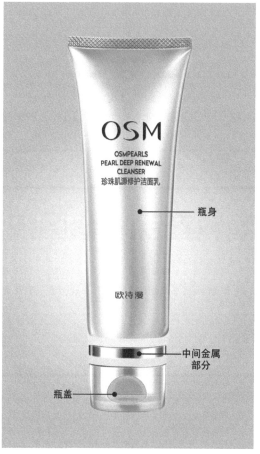

图4-1

此产品由塑料材质构成，形态类似圆柱体，为单侧光拍摄。对于塑料材质的产品，当光投向产品时，光源模糊，明暗过渡均匀，反射较小，如图4-2和图4-3所示。

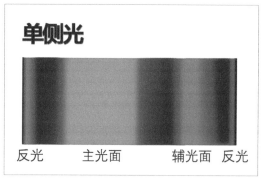

图4-2

图4-3

4.2 修图要点

在修图之前，先观察产品的形体是否规整，颜色是否理想，是否存在明显瑕疵及光影表现是否合理等情况。修图前后对比效果如图4-4所示。

经过观察原图，可以发现洗面奶产品的瓶盖有点歪，形体不够规整，颜色发灰、偏暗，无明显瑕疵，光影层次不够明显，产品整体拍摄不够理想。

针对以上问题，在修图过程中需要着重注意以下几点。

★　在调整瓶盖部分时，需注意盖口位置是否合理；绘制好盖口之后，需注意其光影细节的表现。

★　在使用"渐变工具" 对金属部分进行调整后，还需要手动调整，以让光影渐变效果表现得更加生动、自然。

★　在调整瓶身时，需特别注意主光面和辅光面光影层次的表现。注意主光面的亮部应比辅光面的亮部亮，辅光面的暗部应比主光面的暗部暗。

★　在调整好每个结构之后，需整体检查光影效果是否理想，同时做出适当调整，以确保制作出的光影效果自然，避免生硬。

修图前

修图后

图4-4

4.3 核心步骤

在修图前，需要使用"钢笔工具" 将产品拆分出来的各个部分分别抠出来，并进行区分建组。在需要处理哪部分时，选中该图层组，并添加图层蒙版 ，然后进行修图工作。

■ 调整瓶盖部分。利用"钢笔工具" 绘制瓶盖，填充其中间调，如图4-5所示。使用"椭圆工具" 重新绘制盖口，如图4-6所示。从盖口的阴影部分开始，绘制并完善瓶盖的光影层次，表现立体感，如图4-7所示。绘制时注意盖口部分的凹槽和开口缝隙线等细节处的表现。

图4-5

图4-6

图4-7

■ 调整金属部分。利用"渐变工具" 将金属部分的光影渐变效果整体表现出来，如图4-8所示。使用"矩形工具" 绘制金属部分的主光面、辅光面、中间的暗部和反光、边缘的阴影和反光，并通过"画笔工具" 和羽化效果进行柔和处理，如图4-9~图4-11所示。接着使用"画笔工具" 将辅光面的高光处理得柔和一些，如图4-12所示。添加光影细节，先完善亮部细节，再完善暗部细节，如图4-13所示。

图4-8

图4-9

图4-10

图4-11 图4-12 图4-13

■ 调整瓶身部分。首先绘制瓶身，利用"钢笔工具" 绘制瓶身，填充其中间调，如图4-14所示。在瓶身上半部分添加阴影，然后从主光面开始，绘制瓶身的主光面和辅光面，并通过柔光效果和羽化效果进行柔和调整，如图4-15所示。接着绘制出瓶身左右两侧的阴影，并绘制出边缘的阴影和反光，如图4-16所示。绘制瓶身中部的阴影，并完善主光面和辅光面的光影细节。制作瓶贴，在瓶身中输入合适的字样，利用内阴影和外发光效果予以修饰，如图4-18所示。完成修图。

图4-14 图4-15 图4-16

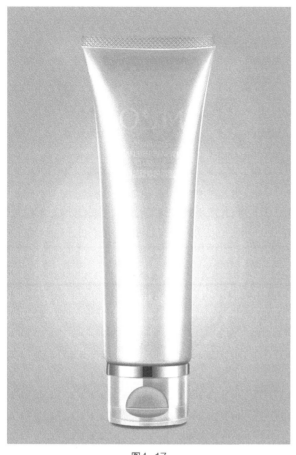

图4-17

图4-18

4.4 修图过程

实例位置	学习资源>CH04>软质塑料产品的修图技法.psd
视频位置	视频>CH04>软质塑料产品的修图技法.mp4

4.4.1 调整瓶盖部分的光影

01 选中瓶盖所在群组，从填充中间调开始。用"钢笔工具" ✎ 沿着瓶盖边缘绘制一个形状，并填充合适的颜色，如图4-19所示。

图4-19

02 绘制盖口形状，修正盖口所在位置。用"椭圆工具" 在瓶盖中间位置绘制一个椭圆，如图4-20所示。用"钢笔工具" 在椭圆偏上方绘制一个半圆，如图4-21所示。得到的效果如图4-22所示。

图4-20

图4-21

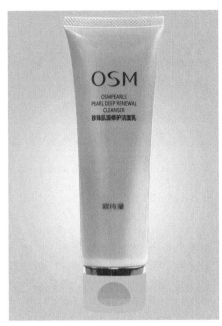

图4-22

03 仔细观察盖口，发现内侧边缘几乎不受光，而外侧边缘的反光最为强烈。绘制内侧边缘的阴影。选择椭圆所在图层，单击"添加图层样式"按钮 fx.，选择"内阴影"选项，打开"图层样式"对话框，参数设置如图4-23所示。勾选"外发光"复选框，参数设置如图4-24所示。得出的效果如图4-25和图4-26所示。

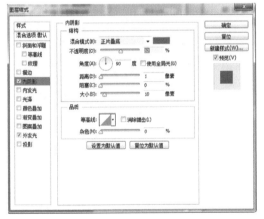

图4-23

图4-24

图4-25

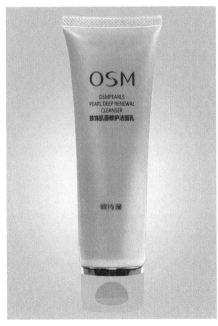

图4-26

04 选中椭圆图层，并单击鼠标右键，在弹出的快捷菜单中选择"拷贝图层样式"命令。选中半圆图层并单击鼠标右键，在弹出的快捷菜单中选择"粘贴图层样式"命令，将制作好的椭圆图层样式置入半圆图层中，如图4-27和图4-28所示。

图4-27

图4-28

05 绘制盖口凹槽的基本效果。观察凹槽部分，发现其受光较少，整体偏暗。用"钢笔工具" 在盖口绘制出一个形状，如图4-29所示。在菜单栏中执行"窗口/属性"命令，在"属性"面板中调整"羽化"值，效果如图4-30所示。添加图层蒙版，用"画笔工具" 涂抹图形底部，得到图4-31和图4-32所示的效果。

图4-29

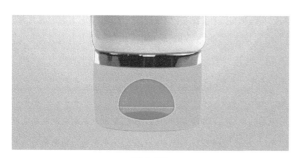

图4-30

图4-31

图4-32

06 加强凹槽的光影层次。用"钢笔工具" 在凹槽边缘绘制一个形状，如图4-33所示。在该图层中将"混合模式"设为"柔光"，效果如图4-34所示。在菜单栏中执行"窗口/属性"命令，在"属性"面板中调整"羽化"值，效果如图4-35所示。添加图层蒙版，用"画笔工具" ☑适当涂抹图形的右端，得到的效果如图4-36和图4-37所示。

图4-33

图4-34

图4-35

图4-36

 Tips

对于一些细微的地方，尤其要注意细节的表现，这样才能将产品的立体感很好地塑造出来，并还原产品的固有形态。

图4-37

07 加强盖口的阴影层次。用"钢笔工具" ✎ 在盖口绘制一个阴影形状，如图4-38所示。在菜单栏中执行"窗口/属性"命令，在"属性"面板中调整"羽化"值，得到图4-39和图4-40所示的效果。

图4-38

图4-39

图4-40

08 仔细观察原图，发现在盖口闭合的地方有光影变化。从暗部开始，用"钢笔工具" ✎ 在盖口闭合处绘制一条黑边，效果如图4-41所示。在菜单栏中执行"窗口/属性"命令，在"属性"面板中调整"羽化"值，得到图4-42和图4-43所示的效果。

图4-41

图4-42

图4-43

09 绘制盖口闭合处的亮光。用"钢笔工具" ✐ 在黑边上方绘制一个形状，效果如图4-44所示。在菜单栏中执行 "窗口/属性"命令，在"属性"面板中调整"羽化"值，得到图4-45和图4-46所示的效果。

图4-44

图4-45

图4-46

10 绘制盖口左侧的反光。用"钢笔工具" ✐ 在盖口左侧边缘绘制一个反光形状，如图4-47所示。在菜单栏中执行"窗口/属性"命令，在"属性"面板中调整"羽化"值，得到图4-48和图4-49所示的效果。

图4-47

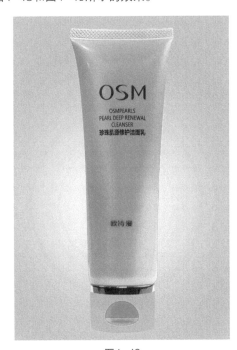

图4-48

图4-49

11 右侧也是一样。用"钢笔工具" ✐ 在盖口右侧边缘绘制一个反光形状，如图4-50所示。在菜单栏中执行"窗口/属性"命令，在"属性"面板中调整"羽化"值，得到图4-51和图4-52所示的效果。

图4-50

图4-51

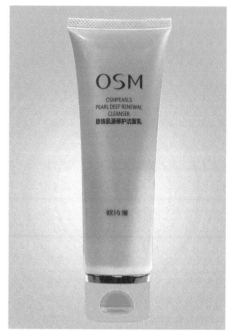

图4-52

12 绘制好瓶口，给瓶盖添加一些细节。从绘制瓶盖的开口缝隙线开始，用"钢笔工具" ✐ 从瓶口左右两侧向外各绘制一条线，在菜单栏中执行"窗口/属性"命令，在"属性"面板中调整"羽化"值，效果如图4-53和图4-54所示。

┤ Tips ├

这一步对于该产品的立体感和真实度的表现非常关键，在修图过程中，需要特别仔细才能观察到这个细节。在绘制这条开口线的时候，要注意羽化到位，使效果更自然。

图4-53

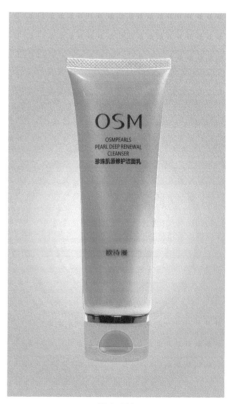

图4-54

13 沿着缝隙线制作一条阴影。按住Alt键，同时用鼠标向上拖曳并复制出一个图层。修改图层颜色，得到图4-55和图4-56所示的效果。

<Tips

有亮部就会有暗部，在绘制阴影时，注意一定不能过宽，有一点即可。

图4-55

图4-56

14 绘制主光面。用"矩形工具"▣在瓶盖的左侧绘制一个形状，如图4-57所示。添加图层蒙版，用"画笔工具"✎涂抹掉矩形硬朗的边缘，得到图4-58和图4-59所示的效果。

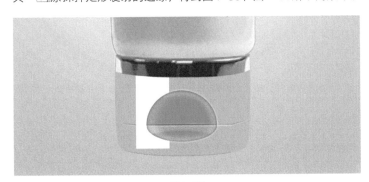

图4-57

图4-58

图4-59

15 绘制好主光面，接下来绘制辅光面。用"矩形工具"  在瓶盖的右侧绘制一个形状，如图4-60所示。在菜单栏中执行"窗口/属性"命令，在"属性"面板中调整"羽化"值，效果如图4-61和图4-62所示。

图4-60

⊲ Tips ⊳

如果在羽化处理后还是感觉边缘较生硬，可以尝试添加图层蒙版，用"画笔工具" ✐ 轻轻涂抹形状的边缘，直至调整出理想的效果。

图4-61

图4-62

16 绘制瓶盖上的阴影细节。用"钢笔工具" ✎ 在主光面左侧绘制一个形状，如图4-63所示。在菜单栏中执行"窗口/属性"命令，在"属性"面板中调整"羽化"值，效果如图4-64和图4-65所示。

图4-63

图4-64

图4-65

17 用"钢笔工具" ✐ 在辅光面的右侧绘制一个形状，如图4-66所示。在菜单栏中执行"窗口/属性"命令，在"属性"面板中调整"羽化"值，效果如图4-67和图4-68所示。

图4-66

图4-67

图4-68

18 绘制瓶盖右侧的反光。用"钢笔工具" ✐ 在瓶盖右侧绘制出一个形状，如图4-69所示。在菜单栏中执行"窗口/属性"命令，在"属性"面板中调整"羽化"值，效果如图4-70和图4-71所示。

图4-69

图4-70

图4-71

19 添加图层蒙版，用"画笔工具" ☑涂抹反光图形的左端，效果如图4-72所示。按Ctrl+J快捷键将反光形状图层复制出一个图层，并添加图层蒙版，涂抹形状的左端，使反光效果更明显，如图4-73和图4-74所示。

图4-72

图4-73

图4-74

20 瓶盖左侧也做同样操作。用"钢笔工具" ✐在瓶盖左侧绘制一个反光形状，如图4-75所示。在菜单栏中执行"窗口/属性"命令，在"属性"面板中调整"羽化"值，效果如图4-76和图4-77所示。

图4-75

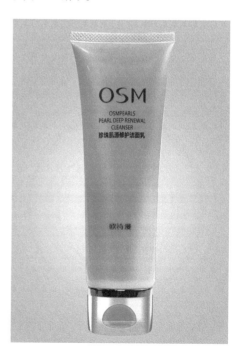

图4-76

图4-77

21 添加图层蒙版，用"画笔工具" 涂抹反光形状的右端，效果如图4-78所示。在菜单栏中执行"窗口/属性"命令，在"属性"面板中调整"羽化"值，效果如图4-79和图4-80所示。

图4-78

图4-79

图4-80

22 绘制瓶盖左侧的反光。用"钢笔工具" 在瓶盖左侧绘制一个反光形状，如图4-81所示。在菜单栏中执行"窗口/属性"命令，在"属性"面板中调整"羽化"值，效果如图4-82和图4-83所示。

图4-81

图4-82

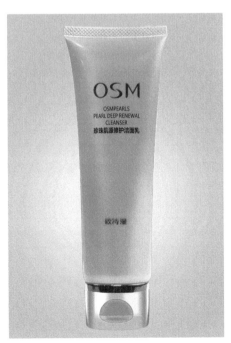

图4-83

23 绘制右侧边缘的反光。用"钢笔工具" 在瓶盖的右侧边缘绘制一条线，如图4-84所示。在菜单栏中执行"窗口/属性"命令，在"属性"面板中调整"羽化"值，效果如图4-85和图4-86所示。

图4-84

图4-85

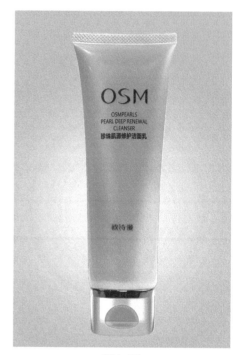

图4-86

24 在瓶盖最下方绘制阴影。用"钢笔工具" 在瓶盖下方绘制一个阴影形状，如图4-87所示。在菜单栏中执行"窗口/属性"命令，在"属性"面板中调整"羽化"值，效果如图4-88和图4-89所示。

图4-87

图4-88

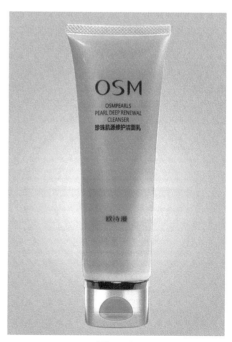

图4-89

25 在瓶盖靠近底部转折的地方是有一定弧形的，这里分有受光面和背光面，需要将其表现出来。用"钢笔工具" 📝 在靠近瓶盖底部的位置绘制一个高光形状，如图4-90所示。在菜单栏中执行"窗口/属性"命令，在"属性"面板中调整"羽化"值，效果如图4-91和图4-92所示。

图4-90

图4-91

图4-92

26 绘制盖口下方的阴影。用"椭圆工具" ⬭ 在盖口下方绘制一个椭圆，如图4-93所示。在菜单栏中执行"窗口/属性"命令，在"属性"面板中调整"羽化"值，效果如图4-94和图4-95所示。

图4-93

图4-94

图4-95

27 观察盖口下方，会发现有一道很亮的边，需要把它表现出来。用"钢笔工具" ✍ 在盖口下方绘制一个形状，并填充较不明显的颜色，如图4-96所示。在菜单栏中执行"窗口/属性"命令，在"属性"面板中调整"羽化"值，效果如图4-97和图4-98所示。

图4-96

图4-97

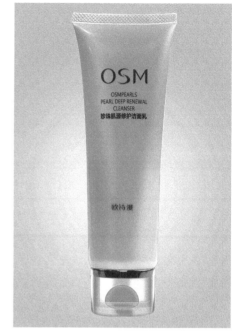

图4-98

28 在瓶盖和金属部分衔接的地方有转折，并且在转折的时候贴近金属部分的面为暗部，向外转折的面为亮面，现在将其表现出来。用"钢笔工具" ✍ 在金属部分和瓶盖的衔接处绘制一条边，如图4-99所示。在菜单栏中执行"窗口/属性"命令，在"属性"面板中调整"羽化"值，效果如图4-100和图4-101所示。

图4-99

图4-100

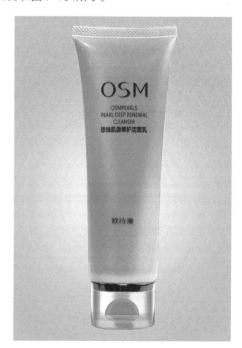

图4-101

29 在绘制好的亮边上方绘制一条黑边，如图4-102所示。在菜单栏中执行"窗口/属性"命令，在"属性"面板中调整"羽化"值，效果如图4-103和图4-104所示。

图4-102

图4-103

图4-104

30 在盖口的上方位置也有一个阴影效果，现在把它表现出来。用"矩形工具" ▣ 在盖口的上方位置绘制一个矩形，如图4-105所示。在菜单栏中执行"窗口/属性"命令，在"属性"面板中调整"羽化"值，效果如图4-106和图4-107所示。

图4-105

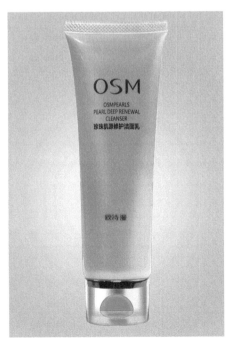

图4-106

图4-107

31 用"矩形工具"■在盖口上方的阴影处再绘制一个矩形，以加强盖口上方阴影的层次感，效果如图4-108和图4-109所示。

◁ Tips ▷

对于一些细节光影的表现，要在细心观察之后再考虑怎么绘制。绘制时要有耐心，建议以少量多次的方式来进行，效果会更自然。

图4-108

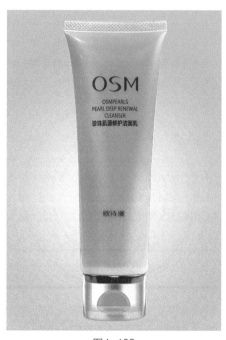

图4-109

4.4.2 调整金属部分的光影

01 将产品中部的金属部分作为一个选区。单击"渐变工具"■，打开"渐变编辑器"对话框，为金属部分添加渐变效果，如图4-110~图4-112所示。

图4-110

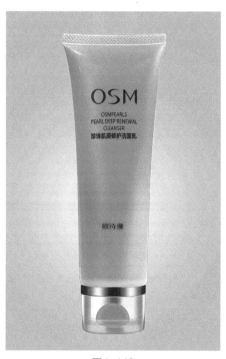

图4-112

图4-111

02 将渐变效果添加好之后，再具体进行调整。在主光面添加亮部效果，用"矩形工具" 💷 在主光面绘制一个矩形，如图4-113所示。在菜单栏中执行"窗口/属性"命令，在"属性"面板中调整"羽化"值，效果如图4-114和图4-115所示。

图4-113

图4-114

图4-115

03 按照与上一步同样的方法，用"矩形工具" 💷 在辅光面绘制一个矩形，如图4-116所示。在菜单栏中执行"窗口/属性"命令，在"属性"面板中调整"羽化"值，效果如图4-117和图4-118所示。

> **Tips**
>
> 辅光面的光影处理相对主光面来说一般要柔和一些，过渡也没有那么明显，在用羽化处理或蒙版处理时要特别注意。

图4-116

图4-117

图4-118

04 加强主光面的层次感。用"矩形工具" ▣ 在主光面上方绘制一个矩形，如图4-119所示。添加图层蒙版，用"画笔工具" ☑ 涂抹形状的右端，得到图4-120和图4-121所示的效果。

图4-119

图4-120

图4-121

05 加强辅光面的层次感。用"矩形工具" ▣ 在辅光面上方绘制一个矩形，如图4-122所示。添加图层蒙版，用"画笔工具" ☑ 涂抹形状的左端，得到图4-123和图4-124所示的效果。

图4-122

图4-123

图4-124

06 添加中间部分的阴影效果。用"矩形工具" ▣ 在金属部分的中间位置绘制一个矩形，如图4-125所示。复制一个矩形，再选中原矩形所在的图层，在菜单栏中执行"窗口/属性"命令，在"属性"面板中调整"羽化"值，效果如图4-126和图4-127所示。

图4-125

图4-126

图4-127

07 添加右侧的反光。用"矩形工具" ▣ 在金属部分的右侧绘制一个矩形，如图4-128所示。在菜单栏中执行"窗口/属性"命令，在"属性"面板中调整"羽化"值，效果如图4-129所示。按住Alt键，同时拖动鼠标，将制作好的效果复制一个到左侧，得到图4-130和图4-131所示的效果。

图4-128

图4-129

图4-130

图4-131

08 添加右侧边缘的阴影。用"矩形工具" ▣在金属部分的右侧边缘绘制一个矩形，如图4-132所示。在菜单栏中执行"窗口/属性"命令，在"属性"面板中调整"羽化"值，效果如图4-133和图4-134所示。

图4-132

图4-133

图4-134

09 添加右侧边缘的反光。用"矩形工具" ▣紧挨着金属部分的右侧边缘绘制一个矩形，如图4-135所示。在菜单栏中执行"窗口/属性"命令，在"属性"面板中调整"羽化"值，效果如图4-136和图4-137所示。

图4-135

图4-136

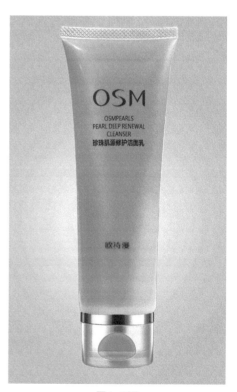

图4-137

10 左侧同样添加边缘的阴影。用"矩形工具" 紧挨着金属部分的左侧边缘绘制一个矩形，如图4-138所示。在菜单栏中执行"窗口/属性"命令，在"属性"面板中调整"羽化"值，效果如图4-139和图4-140所示。

图4-138

图4-139

图4-140

11 用"矩形工具" 在金属部分的左侧边缘绘制出一个矩形，如图4-141所示。在菜单栏中执行"窗口/属性"命令，在"属性"面板中调整"羽化"值，效果如图4-142和图4-143所示，作为左侧边缘的反光。

图4-141

图4-142

图4-143

12 这时发现辅光面的高光边缘过亮，需要处理一下。选择需要调整的图层，并添加图层蒙版，用"画笔工具" ⊿涂抹辅光面高光的右端，得到图4-144和图4-145所示的效果。

图4-144

图4-145

13 将金属部分的光影效果绘制完成之后，接下来添加整体细节。用"钢笔工具" ⊿沿着金属部分的下缘绘制一条亮边，如图4-146所示。在"属性"面板中调整"羽化"值，效果如图4-147所示。接着添加图层蒙版，用"画笔工具" ⊿进行适当涂抹，效果如图4-148所示。得到图4-149所示的整体效果。

图4-146

图4-147

图4-148

图4-149

14 继续完善细节。用"钢笔工具" 沿着金属部分的上缘绘制一条亮边，如图4-150所示。在菜单栏中执行"窗口/属性"命令，在"属性"面板中调整"羽化"值，效果如图4-151和图4-152所示。

图4-150

图4-151

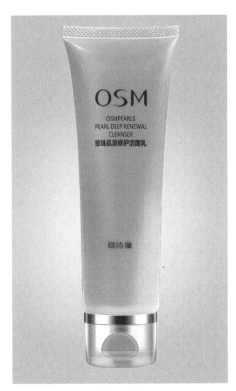

图4-152

15 有亮部就有暗部，用"钢笔工具" 在金属部分的上缘绘制一条黑边，并将该图层置于亮边图层的下方，效果如图4-153所示。在菜单栏中执行"窗口/属性"命令，在"属性"面板中调整"羽化"值，效果如图4-154和图4-155所示。

图4-153

图4-154

图4-155

4.4.3 调整瓶身部分的光影

01 选中瓶身所在的群组。从填充中间调开始，用"钢笔工具" ☑️将瓶身绘制出来，并填充合适的颜色，如图4-156所示。

02 绘制瓶身的光影，使其显得饱满。用"钢笔工具" ☑️在瓶身上方绘制一个阴影形状，如图4-157所示。在菜单栏中执行"窗口/属性"命令，在"属性"面板中调整"羽化"值，效果如图4-158和图4-159所示。

图4-156

图4-157

图4-158

图4-159

03 添加主光面效果。用"钢笔工具" ☑️沿着瓶身左侧绘制一个亮部形状，如图4-160所示。将该图层的"混合模式"设为"柔光"，效果如图4-161所示。接着在"属性"面板中调整"羽化"值，得到图4-162和图4-163所示的效果。

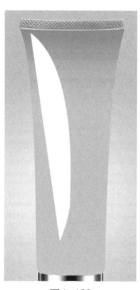

图4-160

图4-161

图4-162

图4-163

04 添加辅光面效果。用"钢笔工具" 沿着瓶身右侧绘制一个亮部形状，如图4-164所示。将该图层的"混合模式"设为"柔光"，效果如图4-165所示。接着在"属性"面板中调整"羽化"值，得到图4-166和图4-167所示的效果。

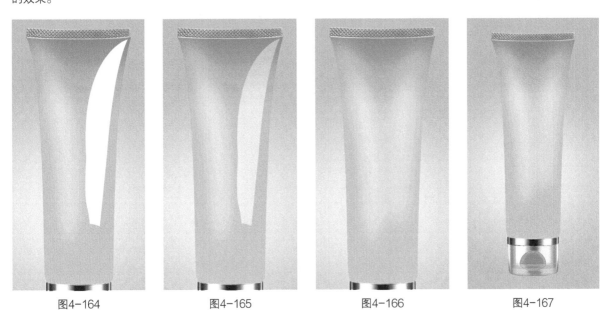

图4-164   图4-165   图4-166   图4-167

05 添加瓶身右侧的阴影。用"钢笔工具" 沿着瓶身右侧边缘绘制一个阴影形状，如图4-168所示。在菜单栏中执行"窗口/属性"命令，在"属性"面板中调整"羽化"值，效果如图4-169和图4-170所示。

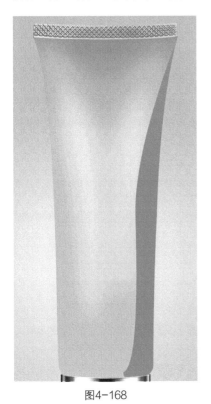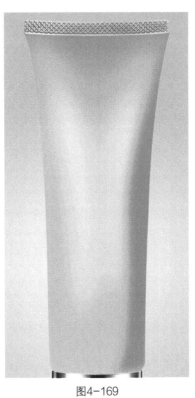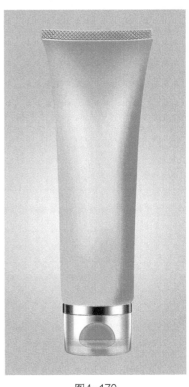

图4-168   图4-169   图4-170

06 按住Alt键，同时向左拖动鼠标，将绘制好的阴影复制一个出来。单击鼠标右键，并按Ctrl+T快捷键，将阴影效果做水平翻转处理，效果如图4-171所示。将左侧阴影颜色稍微调深一些，得到图4-172和图4-173所示的效果。

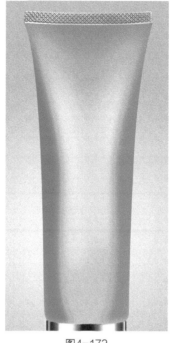

图4-171   图4-172   图4-173

07 添加瓶身右侧边缘的阴影。用"钢笔工具" ✎沿着瓶身右侧边缘绘制一条阴影形状，如图4-174所示。在菜单栏中执行"窗口/属性"命令，在"属性"面板中调整"羽化"值，效果如图4-175和图4-176所示。

图4-174   图4-175   图4-176

08 在左侧边缘绘制反光。用"钢笔工具"沿着瓶身左侧边缘绘制一个形状，如图4-177所示。在菜单栏中执行"窗口/属性"命令，在"属性"面板中调整"羽化"值，效果如图4-178和图4-179所示。

图4-177

图4-178

图4-179

09 同样在右侧边缘绘制一条反光形状。用"钢笔工具"沿着瓶身右侧边缘绘制一个形状，如图4-180所示。在菜单栏中执行"窗口/属性"命令，在"属性"面板中调整"羽化"值，效果如图4-181和图4-182所示。

图4-180

图4-181

图4-182

10 在左侧边缘绘制阴影。用"钢笔工具" 沿着瓶身左侧边缘绘制一个形状，如图4-183所示。在菜单栏中执行"窗口/属性"命令，在"属性"面板中调整"羽化"值，效果如图4-184和图4-185所示。

图4-183

图4-184

图4-185

11 绘制瓶身中间区域的阴影。用"钢笔工具" 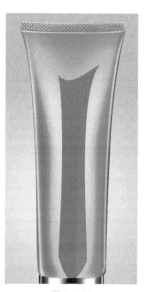沿着瓶身中间区域绘制一个形状，如图4-186所示。在菜单栏中执行"窗口/属性"命令，在"属性"面板中调整"羽化"值，如图4-187所示。接着添加图层蒙版，用"画笔工具" 涂抹形状的上端，效果如图4-188和图4-189所示。

图4-186

图4-187

图4-188

图4-189

12 加强主光面的层次感。用"钢笔工具" 沿着主光面区域绘制一个形状，如图4-190所示。将该图层的"混合模式"设为"柔光"，效果如图4-191所示。在菜单栏中执行"窗口/属性"命令，在"属性"面板中调整"羽化"值，效果如图4-192和图4-193所示。

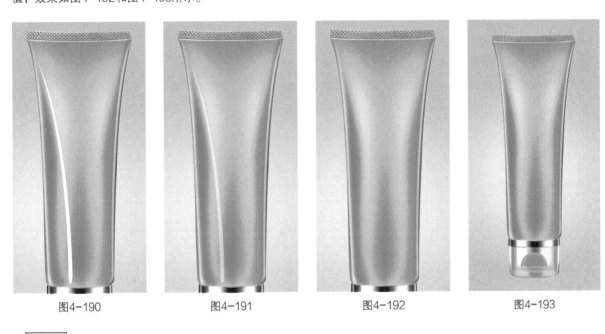

图4-190 　　　　　　图4-191 　　　　　　图4-192 　　　　　　图4-193

Tips

在对一些比较重要的光影部分进行绘制时，可运用"柔光"与"羽化"结合的方式进行处理，避免生硬、不自然。

13 用"钢笔工具" 沿着主光面区域绘制一个比上一步中大一些的形状，如图4-194所示。在菜单栏中执行"窗口/属性"命令，在"属性"面板中调整"羽化"值，效果如图4-195所示。接着添加图层蒙版，用"画笔工具"涂抹形状的下端，效果如图4-196和图4-197所示。

图4-194 　　　　　　图4-195 　　　　　　图4-196 　　　　　　图4-197

14 继续加强主光面的层次感。用"钢笔工具" ✐沿着主光面区域左侧绘制一个较窄的形状，如图4-198所示。在菜单栏中执行"窗口/属性"命令，在"属性"面板中调整"羽化"值，得到图4-199和图4-200所示的效果。

图4-198　　　　　　　　　　　　图4-199　　　　　　　　　　　　图4-200

15 绘制主光面区域的光影细节。用"钢笔工具" ✐在主光面的上方区域绘制一个形状，如图4-201所示。在菜单栏中执行"窗口/属性"命令，在"属性"面板中调整"羽化"值，效果如图4-202和图4-203所示。

图4-201　　　　　　　　　　　　图4-202　　　　　　　　　　　　图4-203

16 添加图层蒙版，用"画笔工具"  对上一步绘制的形状进行适当涂抹，使其变得柔和一些，效果如图4-204所示。复制一个制作好的效果形状并进行叠加，效果如图4-205所示。完成以上操作后，得到图4-206所示的效果。

图4-204

图4-205

图4-206

17 此时发现主光面还不够亮，所以再增加一层高光。用"钢笔工具"  沿着主光面区域绘制一个形状，如图4-207所示。在菜单栏中执行"窗口/属性"命令，在"属性"面板中调整"羽化"值，效果如图4-208和图4-209所示。

图4-207

图4-208

图4-209

18 完成了主光面的效果绘制后，接下来加强辅光面的层次感。用"钢笔工具" 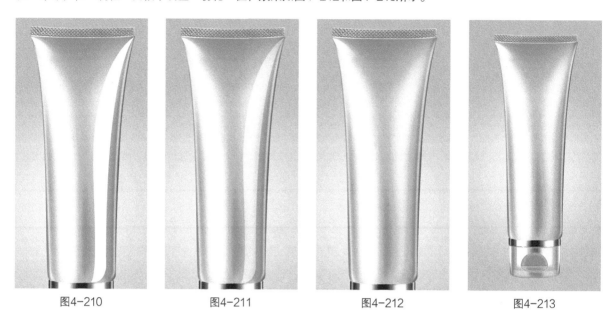沿着辅光面区域绘制一个形状，如图4-210所示。将该图层的"混合模式"设为"柔光"，效果如图4-211所示。接着在菜单栏中执行"窗口/属性"命令，在"属性"面板中调整"羽化"值，效果如图4-212和图4-213所示。

图4-210　　　　　　　　图4-211　　　　　　　　图4-212　　　　　　　　图4-213

19 添加辅光面的亮部细节。用"钢笔工具" 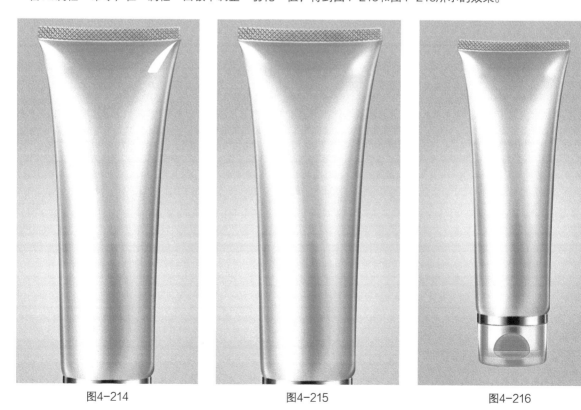在辅光面上方绘制一个形状，如图4-214所示。在菜单栏中执行"窗口/属性"命令，在"属性"面板中调整"羽化"值，得到图4-215和图4-216所示的效果。

图4-214　　　　　　　　　　　图4-215　　　　　　　　　　　图4-216

20 添加图层蒙版，用"画笔工具" ✎ 对上一步绘制的形状进行适当涂抹，效果如图4-217所示。复制一个制作好效果的形状并进行叠加，效果如图4-218和图4-219所示。

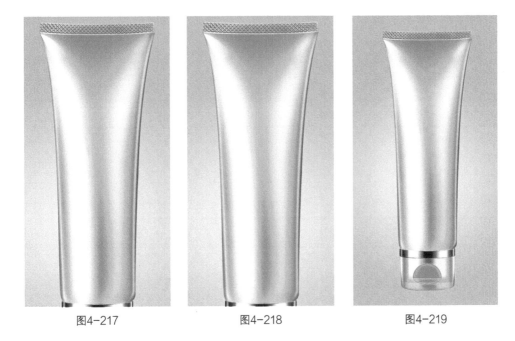

图4-217　　　　　　　　图4-218　　　　　　　　图4-219

21 为了使瓶身更立体，用"钢笔工具" ✎ 在上一步绘制好的效果的上方区域绘制出一个硬光图形，得到图4-220和图4-221所示的效果。

图4-220　　　　　　　　图4-221

22 此时发现上一步绘制好的硬光太过硬朗，需要处理一下。添加图层蒙版，用"画笔工具"对硬光进行适当涂抹，得到图4-222和图4-223所示的效果。

图4-222　　　　　　　　　　　　　　图4-223

23 加强瓶身上方的阴影层次。用"画笔工具"在产品左右两侧绘制出两个形状。在菜单栏中执行"窗口/属性"命令，在"属性"面板中调整"羽化"值，再分别叠加到瓶身上方的左右位置，起到强调暗部效果的作用，如图4-224和图4-225所示。

图4-224　　　　　　　　　　　　　　图4-225

24 新建一个图层，在"新建图层"对话框中将"模式"设为"柔光"，勾选"填充柔光中性色（50%灰）"复选框，单击"确定"按钮，设置如图4-226所示。将瓶身的顶部作为一个选区，使用"画笔工具"对该区域进行适当涂抹，涂抹效果如图4-227所示。涂抹后的效果如图4-228所示。绘制完成后的整体效果如图4-229所示。

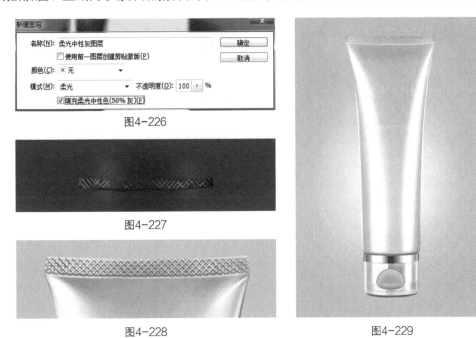

图4-226

图4-227

图4-228

图4-229

25 制作瓶贴。对于产品瓶贴，如果有现成的，只要直接贴上去，并注意透视和光影的效果就可以了。但事实上很多情况下都无法直接使用现成的瓶贴，这时就需要亲手制作了。

下面先将制作好的"欧诗漫"瓶贴字样置入产品中，效果如图4-230和图4-231所示。

图4-230

图4-231

26 置入剩余的字样，并进行适当处理。将字样置入之后，单击"添加图层样式"按钮 *fx.*，然后打开"图层样式"对话框，并勾选"内阴影"复选框，参数设置如图4-232所示，制作效果如图4-233和图4-234所示。

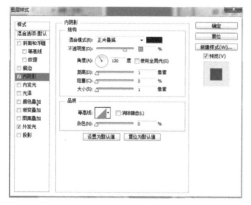

图4-232

图4-233

图4-234

27 将"内阴影"效果制作好之后，在"图层样式"对话框中勾选"外发光"复选框，参数设置如图4-235所示，制作效果如图4-236和图4-237所示。

图4-235

图4-236

图4-237

28 最后，用"钢笔工具" 绘制出OSM字样并置入，对其做适当调整，完成修图，效果如图4-238所示。

图4-238

在对塑料材质的产品进行修图时，需要注意其光影表现要合适、自然，光源效果要模糊，明暗过渡要均匀，光线反射较小。同时，对软管类的产品修图有一个需要特别注意的地方就是高光部分。在处理该部分的光影时，光影层次要丰富，过渡要柔和、自然，在必要的情况下需要添加一些较硬朗的光影效果，以表现出软管的转折面结构与效果，使其看上去更加立体。

NIVEA Ps

NIVEA MEN

第5章
单侧光硬质塑料产品的
修图技法

本次修图的对象为一款硬质塑料包装的妮维雅唇膏产品。产品表面颜色较深，光源模糊，明暗过渡均匀，光源反射较小。在修图过程中，应特别注意光影层次强化与表现。

◎ 圆柱体的光影表现形式　　◎ 瓶贴的制作

◎ 光影层次感的表现

P R O D U C T　R E F I N E M E N T

5.1 产品分析

本产品在基本形的构成上较简单，主要分为瓶盖部分与瓶身部分，如图5-1所示。

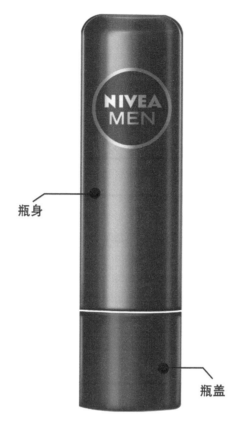

瓶身

瓶盖

图5-1

本产品由塑料材质制成，为单侧光拍摄。当光投射在产品上时，光源模糊，明暗过渡均匀，反射小。

由于该产品形态类似圆柱体，且为硬质塑料产品，因此，在产品的左右两侧边缘会形成较硬朗的反光，中部区域的高光部分也比软质塑料产品更硬朗一些。软质塑料物体的光影效果如图5-2所示，硬质塑料物体的光影效果如图5-3所示。

图5-2

图5-3

5.2 修图要点

经过观察原图，可以发现产品整体颜色偏暗、发灰，颜色饱和度不够，光影关系不够明确，光影层次不够理想，瓶身顶部、瓶身与瓶盖衔接处的光影细节不够明显。

针对以上问题，在修图过程中需要着重注意以下几点。

★ 在绘制瓶身时，除了要表现出其理想的光影层次以外，还要特别注意其顶部的转折面。这个面的光影细节处理是非常重要的，因为它直接决定了产品整体的真实性和自然性。

★ 在绘制瓶盖时，除了要表现出其基本的光影层次以外，瓶身与瓶盖衔接处的光影细节也要表现出来。

★ 对于产品修图来说，瓶贴的制作往往让人觉得很简单，光影细节似乎好像可有可无，但实际上并非如此。对于一款真正合格的修图产品来说，在制作瓶贴时，同样需要依照产品整体的光影关系给瓶贴添加一定的光影细节，让其真实感融入产品中，使其真正成为产品的一部分。

修图前后对比效果如图5-4所示。

修图后

修图前

图5-4

5.3 核心步骤

在修图前，需要使用"钢笔工具" ✐ 将产品拆分出来的各部分分别抠出来，并分别建组。然后在需要处理某部分的时候，选中该图层组，并添加图层蒙版，进行修图工作。

■ 绘制瓶身部分的光影。填充瓶身的基本色，同时添加一些杂色元素，效果如图5-5所示。使用"矩形工具" ▣ 绘制瓶身右侧的暗部阴影，效果如图5-6所示。绘制瓶身左侧边缘的阴影，效果如图5-7所示。添加主光面的效果，如图5-8所示。添加辅光面的效果，如图5-9所示。使用"钢笔工具" ✐ 绘制瓶身左右两侧的反光，效果如图5-10所示。使用"钢笔工具" ✐ 和"椭圆工具" ◯ 添加顶部转折面的光影，效果如图5-11所示。强调瓶身左右两侧的反光，效果如图5-12所示。使用"钢笔工具" ✐ 绘制瓶身与瓶盖衔接处的阴影，效果如图5-13所示。绘制完成后瓶身的整体效果如图5-14所示。

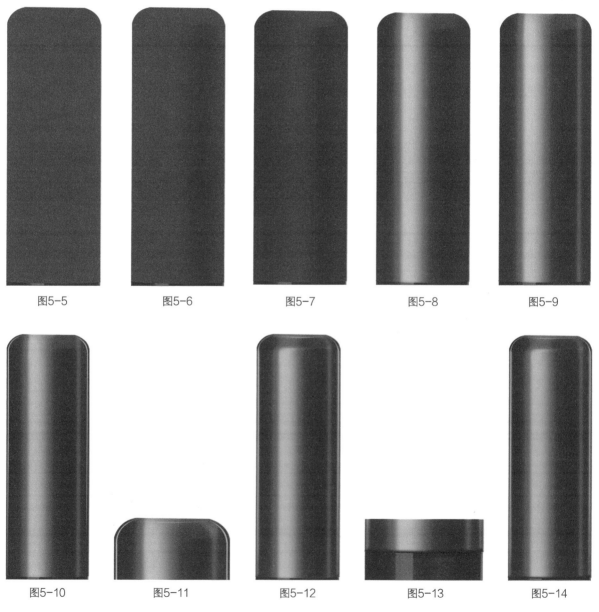

图5-5   图5-6   图5-7   图5-8   图5-9

图5-10   图5-11   图5-12   图5-13   图5-14

■ 绘制瓶盖部分的光影。填充瓶盖的基本色，效果如图5-15所示。使用"矩形工具" ■添加左右两侧的阴影，效果如图5-16所示。绘制瓶盖左侧的高光，效果如图5-17所示。使用"矩形工具" ■和"画笔工具" ✐绘制左右两侧的反光，效果如图5-18所示。使用"矩形工具" ■添加辅光面的效果，如图5-19所示。使用"矩形工具" ■和"画笔工具" ✐强调左侧的高光，效果如图5-20所示。使用"钢笔工具" ✐添加瓶盖底部的阴影，效果如图5-21所示。使用"钢笔工具" ✐添加瓶盖与瓶身衔接处转折线上的高光，效果如图5-22所示。绘制完成后的效果如图5-23所示。

图5-15   图5-16

图5-17   图5-18

图5-19   图5-20

图5-21   图5-22   图5-23

■ 绘制瓶贴部分的光影。将瓶贴置入产品的对应位置，效果如图5-24所示。将瓶贴图层的"混合模式"设为"柔光"，按住Alt键将该图层复制一层并原位叠加进去，同时将复制的图层的"混合模式"设为"正常"，效果如图5-25所示。适当调整图层的不透明度，效果如图5-26所示。整体效果如图5-27所示。

图5-24

图5-25

图5-26

图5-27

5.4 修图过程

实例位置	学习资源>CH05>单侧光硬质塑料产品的修图技法.psd
视频位置	视频>CH05>单侧光硬质塑料产品的修图技法.mp4

5.4.1 绘制瓶身部分的光影

01 绘制基本色。选择瓶身部分所在图层，然后选择前景色为深蓝色，并按Alt+Delete快捷键填充前景色到瓶身，效果如图5-28所示。执行"滤镜/杂色/添加杂色"菜单命令，为该图层添加一些杂色效果，如图5-29所示。绘制完成后的整体效果如图5-30所示。

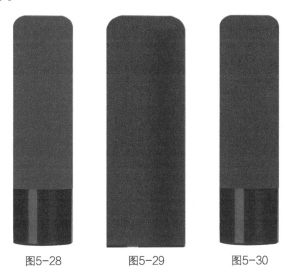

图5-28   图5-29   图5-30

02 添加右侧的暗部效果。用"矩形工具" ▣ 在瓶身右侧绘制一个形状，效果如图5-31所示。在瓶身上面有一个转折面，需要将其保留出来，因此添加图层蒙版，使用"画笔工具" ☑ 对该部分进行适当涂抹，涂抹效果如图5-32所示，运用的效果如图5-33所示。执行"窗口/属性"菜单命令，在"属性"面板中调整"羽化"值，效果如图5-34所示。绘制完成后的整体效果如图5-35所示。

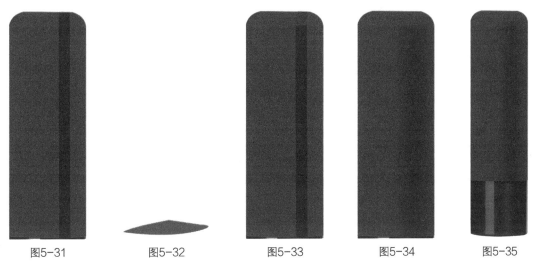

图5-31   图5-32   图5-33   图5-34   图5-35

03 由于塑料材质的产品表面受光较均匀，所以，过渡的处理也相当重要。这里加强暗部层次，用"矩形工具"在瓶身右侧的暗部区域绘制一个较窄的形状，效果如图5-36所示。执行"窗口/属性"菜单命令，在"属性"面板中调整"羽化"值，效果如图5-37所示。继续用"矩形工具"在该区域再次绘制一个较宽一些的形状，效果如图5-38所示。同样对该形状进行"羽化"处理，效果如图5-39所示。绘制完成后的整体效果如图5-40所示。

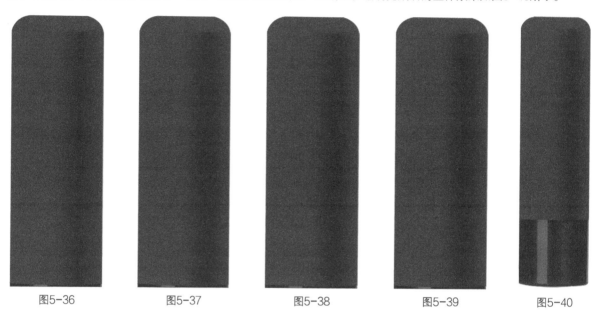

| 图5-36 | 图5-37 | 图5-38 | 图5-39 | 图5-40 |

04 添加左侧边缘的暗部效果。用"矩形工具"在瓶身的左侧绘制一个形状，效果如图5-41所示。执行"窗口/属性"菜单命令，在"属性"面板中调整"羽化"值，效果如图5-42所示。绘制完成后的整体效果如图5-43所示。

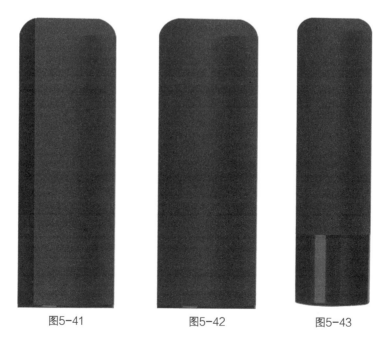

| 图5-41 | 图5-42 | 图5-43 |

05 添加右侧边缘的暗部效果。用"矩形工具"▣在瓶身右侧边缘绘制一个较窄一些的形状，效果如图5-44所示。执行"窗口/属性"菜单命令，在"属性"面板中调整"羽化"值，效果如图5-45所示。绘制完成后的整体效果如图5-46所示。

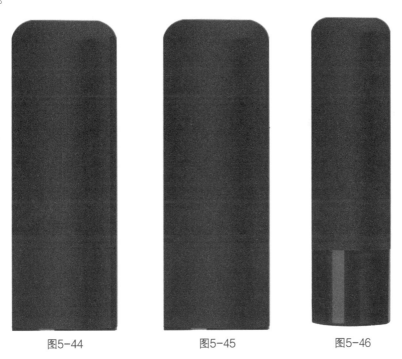

图5-44　　　　　　　图5-45　　　　　　　图5-46

06 添加主光面效果。用"矩形工具"▣在瓶身偏左侧的区域绘制一个形状，效果如图5-47所示。执行"窗口/属性"菜单命令，在"属性"面板中调整"羽化"值，效果如图5-48所示。接着按住Alt键的同时单击鼠标右键并拖曳鼠标，将该效果复制一层，原位叠加进去，将该图层的"混合模式"设为柔光，效果如图5-49所示。绘制完成后的整体效果如图5-50所示。

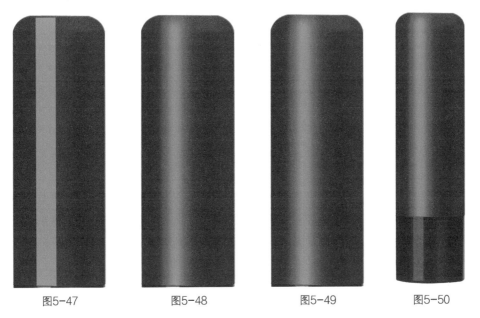

图5-47　　　　　　图5-48　　　　　　图5-49　　　　　　图5-50

07 同理，由于产品材质较硬，因此在高光的表现上需呈现出较硬朗的边缘效果。用"矩形工具" 在主光面区域绘制一个形状，效果如图5-51所示。绘制好之后，适当调整该图层的不透明度，效果如图5-52所示。接着添加图层蒙版，使用"画笔工具" 着重对形状的右端进行涂抹，效果如图5-53所示。绘制完成后的整体效果如图5-54所示。

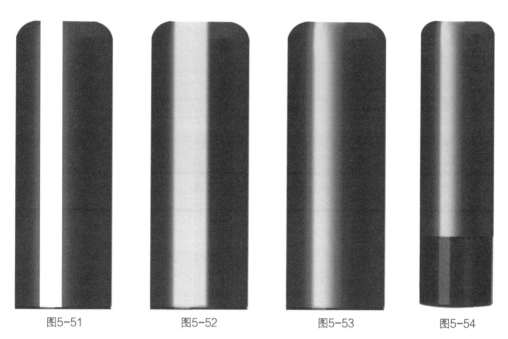

图5-51   图5-52   图5-53   图5-54

08 添加辅光面效果。用"矩形工具" 在瓶身的右侧绘制一个形状，效果如图5-55所示。执行"窗口/属性"菜单命令，在"属性"面板中调整"羽化"值，效果如图5-56所示。接着适当降低该图层的不透明度，效果如图5-57所示。绘制完成后的整体效果如图5-58所示。

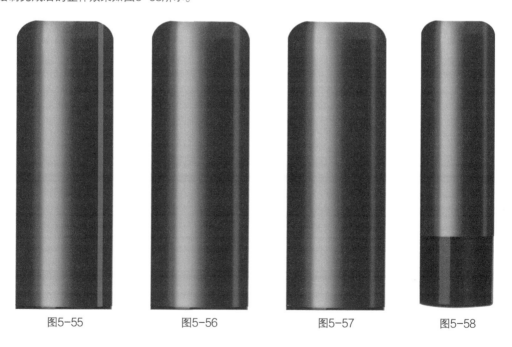

图5-55   图5-56   图5-57   图5-58

09 添加反光。用"钢笔工具" ✐沿着瓶身左侧的边缘绘制一个形状,效果如图5-59所示。添加图层蒙版,用"画笔工具" ✐着重对形状下端进行涂抹,效果如图5-60所示。接着按住Alt键的同时单击鼠标右键并拖曳鼠标,将该效果复制出一层并移动到右侧边缘,将其"水平翻转",作为右侧边缘的反光,效果如图5-61所示。绘制完成后的整体效果如图5-62所示。

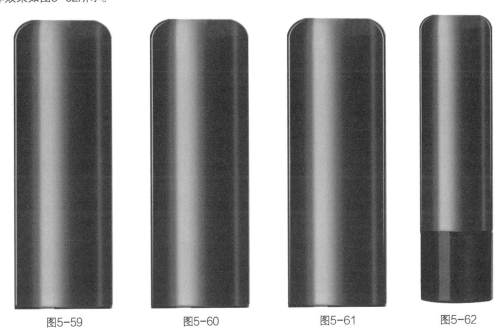

图5-59　　　　　图5-60　　　　　图5-61　　　　　图5-62

10 注意瓶身的顶部有一个转折面,这里需要将这个面的光影表现出来。用"钢笔工具" ✐在瓶身的顶部区域绘制一个形状,效果如图5-63所示。执行"窗口/属性"菜单命令,在"属性"面板中调整"羽化"值,效果如图5-64所示。绘制完成后的整体效果如图5-65所示。

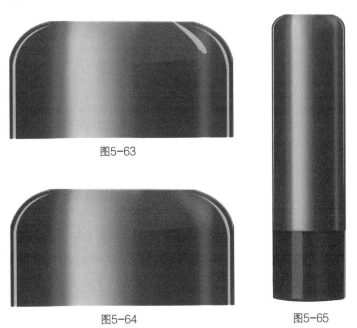

图5-63

图5-64　　　　　　图5-65

11 用"椭圆工具"  沿着顶面的外轮廓绘制一个形状，效果如图5-66所示。将该图层的"混合模式"设为"叠加"，效果如图5-67所示。执行"窗口/属性"菜单命令，在"属性"面板中调整"羽化"值，效果如图5-68所示。绘制完成后的整体效果如图5-69所示。

图5-66

图5-67

图5-68

图5-69

12 用"钢笔工具" 沿着瓶身顶部绘制一条白边，效果如图5-70所示。执行"窗口/属性"菜单命令，在"属性"面板中调整"羽化"值，作为顶部边缘的高光，效果如图5-71所示。绘制完成后的整体效果如图5-72所示。

┌ Tips ┐

　　这里绘制的"白边"效果相当于产品边缘的反光，可以使产品边缘更加清晰，有利于将产品的立体感更好地塑造出来。

图5-70

图5-71

图5-72

13 同样用"钢笔工具" 在瓶身顶部区域绘制一个颜色较深的形状，效果如图5-73所示。执行"窗口/属性"菜单命令，在"属性"面板中调整"羽化"值，作为顶部的阴影，效果如图5-74所示。接着将该图层的"混合模式"设为"正片叠底"，效果如图5-75所示。适当调整该图层的不透明度，效果如图5-76所示。绘制完成后的整体效果如图5-77所示。

图5-73   图5-74

图5-75   图5-76   图5-77

14 添加主光面转折线上的高光。用"钢笔工具" 在瓶身顶部的转折线上绘制一条白边，效果如图5-78所示。执行"窗口/属性"菜单命令，在"属性"面板中调整"羽化"值，效果如图5-79所示。接着按住Alt键的同时单击鼠标右键并拖曳鼠标，将该效果复制出一层，重新调整其"羽化"值，原位叠加进去，效果如图5-80所示。绘制完成后的整体效果如图5-81所示。

图5-78

图5-79   图5-80   图5-81

15 添加好主光面转折线上的高光之后，添加辅光面转折线上的高光。用"钢笔工具" ✐ 在瓶身顶部转折线的右侧绘制一条白边，效果如图5-82所示。执行"窗口/属性"菜单命令，在"属性"面板中调整"羽化"值，效果如图5-83所示。按住Alt键的同时单击鼠标右键并拖曳鼠标，将该效果复制出一层，原位叠加进去，效果如图5-84所示。绘制完成后的整体效果如图5-85所示。

图5-82

图5-83

图5-84

图5-85

16 此时发现瓶身顶部的高光有点生硬，需要调整一下。找到需要调整的图层，然后添加图层蒙版，用"画笔工具" ✐ 对该图层进行适当涂抹处理，效果如图5-86所示。处理完成后的整体效果如图5-87所示。

◁ **Tips** ▷
　　到这一步瓶身上方的顶面绘制完成，在修图中这些细节很常见，有很多朋友觉得自己修图不是很真实，就是因为有些细节没有处理到位，这个地方需要注意。

◁ **Tips** ▷
　　对于一些比较生硬的高光，需要利用"画笔工具" ✐ 将其处理自然，避免失真。

图5-86

图5-87

17 此时发现瓶身的反光有点生硬，需要调整一下。找到该图层组，使用"矩形工具" ▣ 在瓶身的左侧边缘区域绘制一个矩形，效果如图5-88所示。执行"窗口/属性"菜单命令，在"属性"面板中调整"羽化"值，效果如图5-89所示。接着按住Alt键的同时单击鼠标右键并拖曳鼠标，将效果复制一层到瓶身的右侧边缘位置，效果如图5-90所示。绘制完成后的整体效果如图5-91所示。

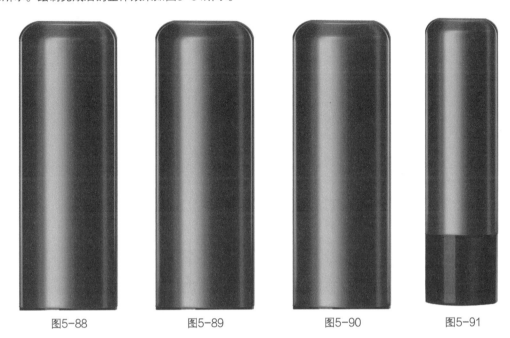

　　图5-88　　　　　　　　图5-89　　　　　　　　图5-90　　　　　　　图5-91

18 在瓶身与瓶盖处有一条转折线，需要强调一下。使用"钢笔工具" ✐ 在转折线上绘制一条黑边，效果如图5-92所示。执行"窗口/属性"菜单命令，在"属性"面板中调整"羽化"值，效果如图5-93所示。绘制完成后的整体效果如图5-94所示。

> ┤Tips├
>
> 　　对于产品结构转折线的处理需要耐心和细心，为了避免太过生硬，要做好羽化处理。在必要的情况下，可以使用"画笔工具" ✎ 进行涂抹处理。

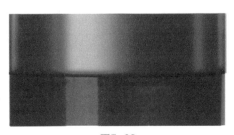

　　　　图5-92　　　　　　　　　　　　图5-93　　　　　　　　　　图5-94

5.4.2 绘制瓶盖部分的光影

01 选择瓶盖部分所在图层，然后选择前景色为深蓝色，并按Alt+Delete快捷键填充前景色到瓶盖。在菜单栏中执行"滤镜/杂色/添加杂色"命令，为瓶盖添加一些杂色效果，如图5-95和图5-96所示。

图5-95　　　　　　图5-96

02 添加左右两侧的阴影。用"矩形工具"  在瓶盖的左侧绘制一个形状，效果如图5-97所示。执行"窗口/属性"菜单命令，在"属性"面板中调整"羽化"值，效果如图5-98所示。接着按住Alt键的同时单击鼠标右键并拖曳鼠标，将效果复制一层到瓶盖的右侧，做"水平翻转"，效果如图5-99所示。绘制完成后的整体效果如图5-100所示。

> **Tips**
>
> 对于阴影的绘制，如果一层效果不够，可以多次添加，直到合适为止。

图5-97　　　　　图5-98　　　　　图5-99　　　　图5-100

03 添加瓶盖左侧高光。用"矩形工具" 在瓶盖靠左侧的区域绘制一个形状，效果如图5-101所示。执行"窗口/属性"菜单命令，在"属性"面板中调整"羽化"值，效果如图5-102所示。绘制完成后的整体效果如图5-103所示。

> **Tips**
>
> 在绘制高光的时候，要注意与阴影过渡自然，避免出现生硬的边。

图5-101

图5-102

图5-103

04 加强瓶盖左侧的高光层次。用"矩形工具"继续在瓶盖靠左侧的区域绘制一个较窄一些的形状，效果如图5-104所示。执行"窗口/属性"菜单命令，在"属性"面板中调整"羽化"值，效果如图5-105所示。绘制完成后的整体效果如图5-106所示。

> **Tips**
>
> 在强调高光时，可以用少量多次的方式进行绘制，让效果更自然，避免生硬。

图5-104

图5-105

图5-106

05 添加瓶盖边缘的反光。用"矩形工具"▣沿着瓶盖的左侧边缘绘制一个形状，效果如图5-107所示。执行"窗口/属性"菜单命令，在"属性"面板中调整"羽化"值，效果如图5-108所示。接着按住Alt键的同时单击鼠标右键并拖曳鼠标，将效果复制一层到瓶盖的右侧，做"水平翻转"，效果如图5-109所示。绘制完成后的整体效果如图5-110所示。

◁ **Tips** ▷ --

　　针对反光的绘制，根据产品材质的不同和光线角度、强度的不同，反光具体的效果也不同，因此，在绘制过程中这些因素都是需要考虑到的，并且在绘制时注意随时观察整体，以保证效果的协调一致。

　　　图5-107　　　　　　　　　图5-108　　　　　　　　　图5-109　　　　　　　　　图5-110

06 加强反光的层次感。用"矩形工具"▣在瓶盖的左侧绘制一个形状，效果如图5-111所示。执行"窗口/属性"菜单命令，在"属性"面板中调整"羽化"值，效果如图5-112所示。接着添加图层蒙版，用"画笔工具"✐对形状底部进行适当涂抹处理，效果如图5-113所示。完成之后，按住Alt键的同时单击鼠标右键并拖曳鼠标，将效果复制一层到瓶盖的右侧，效果如图5-114所示。绘制完成后的整体效果如图5-115所示。

　　　图5-111

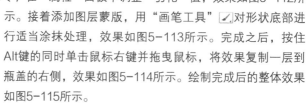

　　　图5-112　　　　　　　　　图5-113　　　　　　　　　图5-114　　　　　　　　　图5-115

07 绘制辅光面效果。用"矩形工具" ▣ 在瓶盖右侧区域绘制一个形状，效果如图5-116所示。执行"窗口/属性"菜单命令，在"属性"面板中调整"羽化"值，效果如图5-117所示。绘制完成后的整体效果如图5-118所示。

⟨ **Tips** ⟩
　　在绘制辅光面时，需要多与主光面的效果相对比，一般辅光面的光影没有主光面的强烈，因此，在表现过程中要保持这种规律才行。

图5-116

图5-117

图5-118

08 这时感觉高光的效果不是很强烈，需要强调一下。用"矩形工具" ▣ 在瓶盖偏左侧的区域绘制一个形状，效果如图5-119所示。在该"图层"面板中适当调整不透明度，效果如图5-120所示。添加图层蒙版，用"画笔工具" ☑ 对形状进行涂抹处理，效果如图5-121所示。绘制完成后的整体效果如图5-122所示。

⟨ **Tips** ⟩
　　针对高光的绘制，一般不会一次性就绘制好，需要多叠加几次，效果才自然、不生硬。

图5-119

图5-120

图5-121

图5-122

09 添加瓶盖底部的阴影细节。用"钢笔工具" 沿着瓶盖底部绘制一个形状，效果如图5-123所示。执行"窗口/属性"菜单命令，在"属性"面板中调整"羽化"值，效果如图5-124所示。绘制完成后的效果如图5-125。

╱ Tips ╲

在绘制瓶盖底部的阴影时，注意阴影大小要合适，"羽化"处理要恰当，产品立体感和真实感要强。

图5-123

图5-124

图5-125

10 添加瓶盖与瓶身衔接处的转折线上的高光。用"钢笔工具" 沿着瓶盖与瓶身衔接处的转折线绘制一条白边，效果如图5-126所示。执行"窗口/属性"菜单命令，在"属性"面板中调整"羽化"值，效果如图5-127所示。绘制完成后的效果如图5-128所示。

╱ Tips ╲

细节决定成败，产品结构转折线上的高光处理对于塑造产品的立体感来说非常重要，同时对于表现产品的真实感来说也至关重要。

图5-126

图5-127

图5-128

5.4.3 绘制瓶贴部分的光影

首先将瓶贴置入产品的对应位置，效果如图5-129所示。然后将该图层的"混合模式"设为"柔光"，效果如图5-130所示。接着将效果复制一层，原位叠加进去，同时将该图层的"混合模式"设为"正常"，效果如图5-131所示。最后适当调整图层的不透明度，效果如图5-132所示。处理完成后的效果如图5-133所示。

图5-129

图5-130

图5-131

图5-132

图5-133

小结

（1）针对硬质塑料产品的光影表现来说，当光投向该类产品时，光源较模糊，明暗过渡均匀，光源反射较小，在修图过程中应特别注意光影层次的处理。

（2）该实例中所讲解的产品相对于其他产品的结构来说要简单得多，也容易出效果，非常适合初学者练习使用。

第6章
对称光硬质塑料产品的修图技法

本次修图的对象是一款表面为硬质塑料材质的加湿器产品。相对于上一章的产品来说，其结构较复杂，产品表面的颜色较浅且较光滑，光源模糊程度较小，明暗过渡较明显，光源反射较强。在修图过程中，应特别注意产品光影层次的强化与表现，同时光影细节的添加与处理也同样重要。

◎ 光影层次感的表现
◎ "路径"工具的使用

◎ 文字的处理与光影细节的修饰

6.1 产品分析

本产品主要分为加湿器壶顶、加湿器壶身、加湿器壶底、透明部分及按钮五大部分，如图6-1所示。

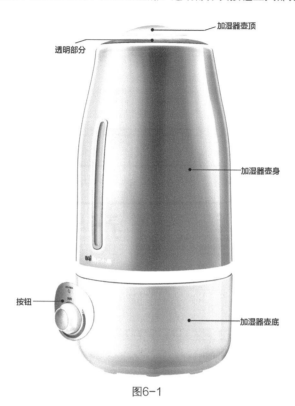

图6-1

> ⊲Tips⊳
>
> 对于产品的每个部分，由于材质和形状上的差别，受到的光影虽然一样，但是具体表现出来的光影效果却各有不同。

本产品由塑料材质制构成，为对称光拍摄，而对称光一般是由3盏灯组成的。将两盏同样的灯分别置于产品的左右两侧，便会在产品的两侧形成同样的两道光。同时，若将另外一盏灯放在产品的后方，则会在产品的左右边缘形成两道反光。

针对对称光的塑料产品拍摄，当光投射在产品上时，光源模糊，明暗过渡均匀，反射较小，如图6-2和图6-3所示。

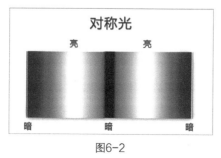

图6-2

图6-3

6.2 修图要点

经过观察原图，可以发现产品整体颜色偏暗、发灰，颜色饱和度不够，光影关系不够明确，光影层次不够理想，壶底的光影效果不理想。

针对以上问题，在修图过程中需要着重注意以下几点。

★　在调整每一个部分的光影效果时，需仔细观察整体效果，注意光影位置和效果要协调统一。

★　在绘制壶顶时，注意其下方位置转折面的光影表现，以强调出光影的层次感和产品的立体感。

★　在调整透明部分时，在表现其光影渐变效果的同时，还要注意纹理细节的勾勒与体现。

★　在调整壶底时，设想产品是放在一个平台上，所以，绘制时需要在底部表现出适当的阴影效果。

★　在调整壶身部分时，由于其表面较光滑，光影效果较明显，所以，在表现时需以少量多次的方式将光影叠加出来，以保证效果自然，层次感丰富。

修图前后的效果对比如图6-4所示。

修图后

修图前

图6-4

6.3 核心步骤

在修图前，需要用"钢笔工具" 将产品拆分出来的各部分分别抠出来，并分别建组。在需要处理某部分的时候，选中该图层组，并添加图层蒙版，然后进行修图工作。

- 绘制壶顶部分的光影。首先用"钢笔工具" 绘制出壶顶侧面的光影，效果如图6-5所示。然后绘制顶部左侧的光影，效果如图6-6所示。接着绘制顶部右侧的光影，如图6-7所示。最后为壶顶添加光影细节，效果如图6-8和图6-9所示。

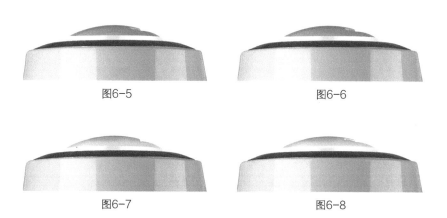

图6-5　　　　　　　　　图6-6

图6-7　　　　　　　　　图6-8　　　　　　　　　图6-9

- 绘制透明部分的光影。用"矩形工具" 绘制出透明部分的基本形，如图6-10所示。然后用"钢笔工具" 绘制出上面的纹理，并做羽化处理，如图6-11所示。最后用"钢笔工具" 给透明部分的光影添加细节，绘制完成后的效果如图6-12和图6-13所示。

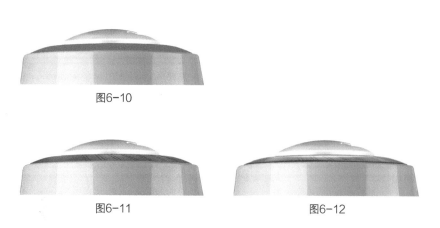

图6-10

图6-11　　　　　　　　　图6-12　　　　　　　　　图6-13

■ 绘制壶底部分的光影。使用"矩形工具" ⬚ 将左右两侧的亮面绘制出来，效果如图6-14所示。然后绘制出左右两侧边缘的反光，效果如图6-15所示。接着绘制出中间区域的暗部，并做好过渡处理，效果如图6-16所示。绘制并强调壶底的左右两边的外轮廓效果，同时做适当羽化处理，使其呈现出立体感并避免生硬效果，如图6-17所示。最后为壶底添加光影细节，绘制出壶底与壶身转折处的高光、壶底的基本颜色、壶底的反光及壶底的阴影，效果如图6-18和图6-19所示。

图6-14

图6-15

图6-16

图6-17

图6-18

图6-19

■ 绘制壶身部分的光影。首先用"钢笔工具" ✎ 绘制出壶身的轮廓，并填充基本色，效果如图6-20所示。然后绘制壶身中部的阴影，同时加强层次感的表现，效果如图6-21所示。接着绘制左右两侧的亮面，并做好过渡，同时注意做柔和处理，效果如图6-22所示。将左右两侧的亮面绘制出来之后，发现中部的阴影效果减弱了，因此需要使用"画笔工具" ✎ 适当强调一下，同时将壶身上下两部分的凹槽区域的阴影加深，效果如图6-23所示。使用"钢笔工具" ✎ 将壶身边缘的光影细节表现出来，效果如图6-24所示。最后绘制出水箱部分，注意光影细节的表现，效果如图6-25所示。

图6-20

图6-21

图6-22

图6-23

图6-24   图6-25

■ 绘制按钮部分的光影。使用"钢笔工具" ✎ 绘制出按钮右边的亮面，效果如图6-26所示。然后绘制出按钮左边的"暗面"，并做好细节处理，效果如图6-27所示。最后使用"修复画笔工具" ✐ 和"仿制图章工具" ⚒ 将按钮四周的文字去除，并使用"文字工具" Ｔ 在原字体的位置重新补充文字，效果如图6-28所示。整体效果如图6-29所示。

图6-26

图6-27   图6-28   图6-29

6.4 修图过程

实例位置	学习资源>CH06>对称光硬质塑料产品的修图技法.psd
视频位置	视频>CH06>对称光硬质塑料产品的修图技法.mp4

6.4.1 绘制壶顶部分的光影

01 拍出的产品照片是朝向右前方的，而我们希望得到一个朝向左前方的效果图，所以首先将照片水平翻转。翻转之后文字也会随之变化，我们暂时不必理会，最后一步会对其进行处理。绘制前先仔细观察壶顶，发现壶顶有两个面，即侧面和顶部。从侧面开始，用"钢笔工具" 沿着侧面轮廓将其勾勒出来，并填充白色，作为侧面的基本颜色，如图6-30所示。添加图层蒙版，使用"画笔工具" 着重在侧面的中间区域及左右两侧做适当涂抹和晕染，以呈现出自然的暗影效果，如图6-31所示。整体效果如图6-32所示。

图6-30

图6-31

图6-32

02 绘制顶部的光影。用"钢笔工具" 将顶部的轮廓勾勒出来，并填充比侧面深一些的颜色，如图6-33和图6-34所示。

> **Tips**
>
> 绘制顶部，有利于将该部分的细节结构清晰地表现出来。绘制时注意对颜色的把控，避免太跳，与产品不相融。

图6-33

图6-34

03 用"钢笔工具" 在顶部左侧绘制一个阴影形状，如图6-35所示。在菜单栏中执行"窗口/属性"命令，在"属性"面板中调整"羽化"值，效果如图6-36和图6-37所示。

图6-35

图6-36

图6-37

04 用"钢笔工具" 在顶部右侧绘制一个阴影形状，如图6-38所示。在菜单栏中执行"窗口/属性"命令，在"属性"面板中调整"羽化"值，效果如图6-39所示。整体效果如图6-40所示。

图6-38

图6-39

图6-40

05 仔细观察壶顶，壶顶的光影是由中部慢慢向两边变亮，中部的颜色较深，因此需要加强处理一下。用"钢笔工具"在中部区域绘制一个阴影形状，如图6-41所示。添加图层蒙版，用"画笔工具"对形状进行适当涂抹，效果如图6-42所示。整体效果如图6-43所示。

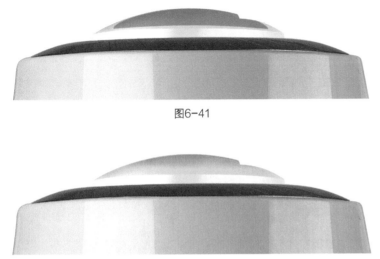

图6-41

图6-42

图6-43

06 壶顶的光影效果大体绘制完成之后，接下来添加细节。用"钢笔工具"沿着顶部轮廓绘制一个阴影形状，如图6-44所示。在菜单栏中执行"窗口/属性"命令，在"属性"面板中调整"羽化"值，效果如图6-45所示。整体效果如图6-46所示。

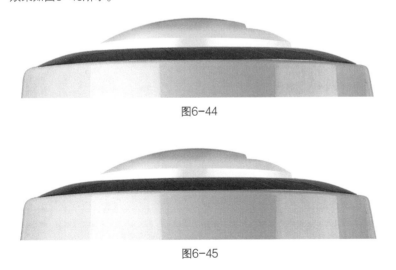

图6-44

图6-45

图6-46

Tips

对于产品修图而言，其细节的处理是非常重要的。任何高品质的产品在展示时往往都非常注重细节，虽然在修图时这些细节处的表现可能只存在一些细微的变化，但是依然要体现出来。

07 仔细观察原图，发现在壶顶转折的地方有一个出气口，并且这里也能受到光的作用。用"钢笔工具"在壶顶右侧绘制一个形状作为出气口，效果如图6-47和图6-48所示。

◁ Tips ▷

出气口是非常细微的地方，绘制前需要耐心观察，掌握好其光影变化后，再进行绘制。

图6-47

图6-48

08 在壶顶的顶部与侧面的转折处绘制一些光影效果。用"钢笔工具"沿着壶顶的顶部与侧面的转折线绘制一个高光形状，如图6-49所示。在菜单栏中执行"窗口/属性"命令，在"属性"面板中调整"羽化"值，效果如图6-50所示。整体效果如图6-51所示。

图6-49

图6-50

图6-51

09 加强转折线上的高光层次。使用"钢笔工具" 沿着壶顶的顶部与侧面的转折线绘制一条边，并填充较亮的颜色，如图6-52所示。添加图层蒙版，用"画笔工具" 适当涂抹边的两端，效果如图6-53所示，整体效果如图6-54所示。

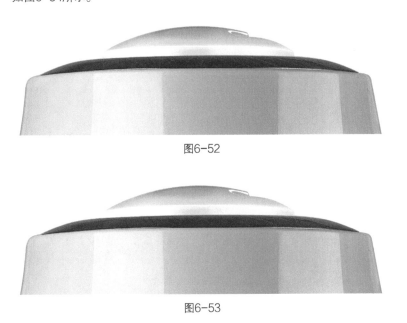

图6-52

图6-53

图6-54

6.4.2　绘制透明部分的光影

01 从基本色的绘制开始，用"钢笔工具" 绘制出透明部分的基本形状，效果如图6-55所示。将该图层的"混合模式"设为"正片叠底"，效果如图6-56所示。

图6-55　　　　　　　　　　　　图6-56

02 单击该图层上的"眼睛"图标 ，将上一步绘制好的效果隐藏起来。新建图层，用"钢笔工具" 在透明部分区域绘制出一些线条，如图6-57所示。直至绘制完毕之后，单击鼠标右键，在弹出的快捷菜单中选择"描边路径"命令，效果如图6-58所示。继续单击"眼睛"图标 ，打开上一步制作好的效果，叠加在一起，得到图6-59所示的效果。

图6-57　　　　　　　　　　图6-58　　　　　　　　　　图6-59

03 添加光影效果。从高光绘制开始，用"钢笔工具" 紧挨着壶顶与透明部分的衔接处绘制一个形状，效果如图6-60所示。在菜单栏中执行"窗口/属性"命令，在"属性"面板中调整"羽化"值，效果如图6-61所示。接着将制作好的效果复制一个，进行原位粘贴，并在"属性"面板中将"羽化"值调小一些，效果如图6-62所示。

图6-60　　　　　　　　　　　图6-61　　　　　　　　　　　图6-62

04 此时发现透明部分整体偏暗。用"画笔工具" 在透明部分进行适当涂抹，效果如图6-63所示。将该图层的"混合模式"设为"柔光"，效果如图6-64所示。

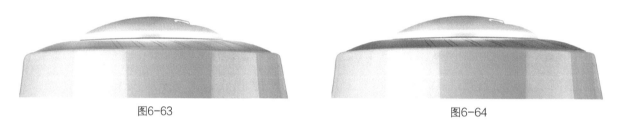

图6-63　　　　　　　　　　　　　　　图6-64

05 用"钢笔工具" 在透明部分与壶身的衔接处绘制一条黑边，如图6-65所示。在菜单栏中执行"窗口/属性"命令，在"属性"面板中调整"羽化"值，效果如图6-66所示。

图6-65　　　　　　　　　　　　　　　图6-66

06 细节越精致，效果就越真实，在透明部分转折面靠近中间的区域是直接受到光的，因此在这里需要绘制出一条高光线，效果如图6-67所示。完成绘制之后，在边缘两侧也要分别绘制出一条反光，效果如图6-68所示。

图6-67　　　　　　　　　　　　　　　图6-68

07 此时发现透明部分偏暗，需要提亮。用"钢笔工具" ✐在透明部分的中间区域绘制出一个形状，如图6-69所示。将该图层的"混合模式"设为"柔光"，效果如图6-70所示。接着在菜单栏中执行"窗口/属性"命令，在"属性"面板中调整"羽化"值，效果如图6-71所示。适当降低图层的不透明度，效果如图6-72所示，整体效果如图6-73所示。

图6-69

图6-70

图6-71

图6-72

图6-73

⊰ Tips ⊱

　　对于半透明材质的光影绘制，需要特别注意其半透明效果的控制与表现。处理时可以反复调整几次，直至呈现出理想的效果，再结束操作。

6.4.3 绘制壶底部分的光影

01 从壶底的亮面绘制开始，用"矩形工具"□在壶底左侧绘制一个矩形，如图6-74所示。在菜单栏中执行"窗口/属性"命令，在"属性"面板中调整"羽化"值，效果如图6-75所示。接着添加图层蒙版，用"画笔工具"☑适当涂抹矩形的右端，效果如图6-76所示，整体效果如图6-77所示。

图6-74

图6-75

图6-76

图6-77

02 将上一步制作好的效果复制一个到壶底的右侧，作为右侧的亮面效果，如图6-78和图6-79所示。

 Tips

对于一些对称性的效果，在具体绘制时可采用复制的方式进行处理，同时针对实际需求可对复制的效果做适当微调处理，以确保效果更加真实。

图6-78

图6-79

03 添加壶底右侧的反光。用"钢笔工具" 在壶底的右侧边缘绘制一个形状，如图6-80所示。在菜单栏中执行"窗口/属性"命令，在"属性"面板中调整"羽化"值，效果如图6-81所示，整体效果如图6-82所示。

图6-80

图6-81

图6-82

04 添加左侧的反光。用"钢笔工具" 在左侧边缘绘制一个形状，如图6-83所示。在菜单栏中执行"窗口/属性"命令，在"属性"面板中调整"羽化"值，效果如图6-84所示，整体效果如图6-85所示。

图6-83

图6-84

图6-85

05 绘制出中间的暗面效果。用"矩形工具" 在壶底的中间区域绘制一个形状，如图6-86所示。在菜单栏中执行"窗口/属性"命令，在"属性"面板中调整"羽化"值，效果如图6-87所示。接着添加图层蒙版，用"画笔工具"着重对矩形的右端进行涂抹，效果如图6-88所示。将以上操作都完成之后，最终得到图6-89所示的效果。

图6-86

图6-87

图6-88

图6-89

06 加强暗部的层次。用"矩形工具" ▣ 在壶底中间区域绘制一个较窄的矩形，如图 6-90所示。在菜单栏中执行"窗口/属性"命令，在"属性"面板中调整"羽化"值，效果如图6-91所示，整体效果如图6-92所示。

图6-90

图6-91

图6-92

07 将上一步绘制完之后，发现壶底左面偏白，过渡不是很自然，需要做进一步调整。用"矩形工具" ▣ 在壶底偏左侧的区域绘制一个矩形，如图6-93所示。在菜单栏中执行"窗口/属性"命令，在"属性"面板中调整"羽化"值，效果如图6-94所示，整体效果如图6-95所示。

图6-93

图6-94

图6-95

08 绘制出壶底右侧的边缘线，以塑造立体感。用"钢笔工具" ✐ 沿着壶底的右侧边缘绘制一条黑边，如图6-96所示。将黑边复制出一个，并在菜单栏中执行"窗口/属性"命令，在"属性"面板中调整"羽化"值，效果如图6-97所示，整体效果如图6-98所示。

图6-96

图6-97

图6-98

09 加强壶底右侧边缘线的层次感。将之前绘制好的黑边再复制出一个，并做原位粘贴，在菜单栏中执行"窗口/属性"命令，在"属性"面板中调整"羽化"值，效果如图6-99所示，整体效果如图6-100所示。

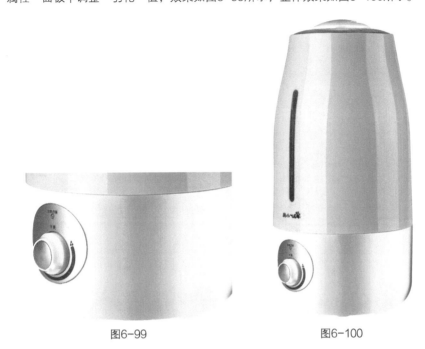

图6-99　　　　　　　　　　　　图6-100

10 绘制出左侧的边缘线。用"钢笔工具" ✍ 沿着壶底左侧边缘绘制一条黑边，如图6-101所示。在菜单栏中执行"窗口/属性"命令，在"属性"面板中调整"羽化"值，效果如图6-102所示，整体效果如图6-103所示。

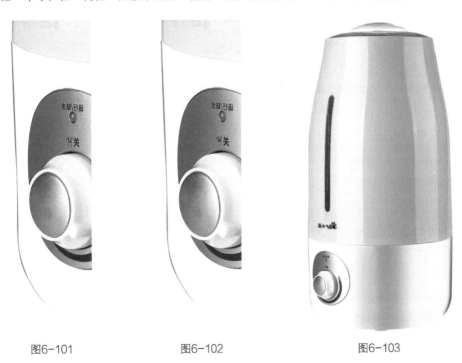

图6-101　　　　　　　图6-102　　　　　　　　图6-103

11 加强左侧边缘线的层次感。将上一步制作好后的黑边复制出一个，在菜单栏中执行"窗口/属性"命令，在"属性"面板中调整"羽化"值，效果如图6-104所示，整体效果如图6-105所示。

12 将上一步绘制好的黑边效果再次复制一个出来，并填充白色，作为边缘处的反光，效果如图6-106所示，整体效果如图6-107所示。

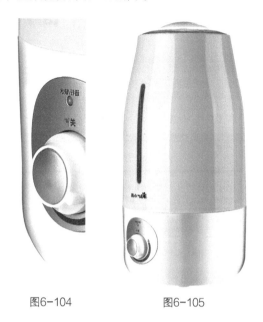

图6-104   图6-105   图6-106   图6-107

13 仔细观察壶体，发现在壶身与壶底衔接处有一个凹槽区域，且在凹槽区域壶底的面朝上，因而更容易受光，这里把它表现出来。用"钢笔工具" ✎沿着凹槽区域偏壶底的面绘制一个形状，如图6-108所示。在菜单栏中执行"窗口/属性"命令，在"属性"面板中调整"羽化"值，效果如图6-109所示。接着将效果复制出一个，并做原位粘贴，在"属性"面板中增大"羽化"值，效果如图6-110所示，整体效果如图6-111所示。

图6-108

图6-109

图6-110

图6-111

14 此时发现底部太亮，需要调整一下。用"钢笔工具" ∅ 在壶底绘制一个形状，并填充比壶底本身更深一些的颜色，效果如图6-112所示。在菜单栏中执行"窗口/属性"命令，在"属性"面板中调整"羽化"值，效果如图6-113所示，整体效果如图6-114所示。

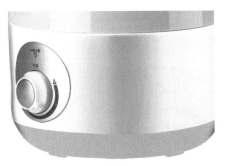

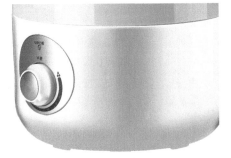

图6-112　　　　　　　　　　图6-113　　　　　　　　　　图6-114

15 绘制壶底的反光。用"钢笔工具" ∅ 沿着壶底边缘绘制出一条亮边，效果如图6-115所示。在菜单栏中执行"窗口/属性"命令，在"属性"面板中调整"羽化"值，效果如图6-116所示，整体效果如图6-117所示。

图6-115　　　　　　　　　　图6-116　　　　　　　　　　图6-117

16 此时发现底部的阴影效果不是很理想，需要调整一下。用"钢笔工具" ∅ 在底部绘制出一个形状，如图6-118所示。在菜单栏中执行"窗口/属性"命令，在"属性"面板中调整"羽化"值，效果如图6-119所示，整体效果如图6-120所示。

图6-118　　　　　　　　　　图6-119　　　　　　　　　　图6-120

6.4.4 绘制壶身部分的光影

01 从填充中间调开始，用"钢笔工具" ✍ 沿着壶身的外轮廓进行勾勒，并填充合适的颜色，效果如图6-121所示，整体效果如图6-122所示。

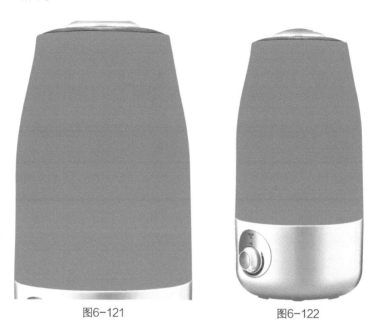

图6-121   图6-122

02 绘制壶身的暗部效果。用"矩形工具" ▭ 在壶身的中部区域绘制一个矩形，如图6-123所示。在菜单栏中执行"窗口/属性"命令，在"属性"面板中调整"羽化"值，效果如图6-124所示，整体效果如图6-125所示。

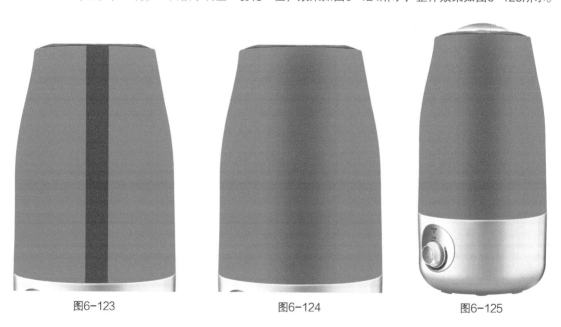

图6-123   图6-124   图6-125

03 加强暗部效果的层次感。用"矩形工具"▣在暗部效果的上方绘制一个形状，如图6-126所示。在菜单栏中执行"窗口/属性"命令，在"属性"面板中调整"羽化"值，效果如图6-127所示，整体效果如图6-128所示。

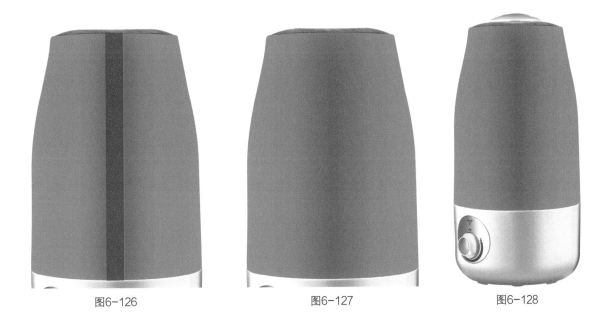

图6-126　　　　　　　　　　　图6-127　　　　　　　　　　　图6-128

04 绘制左侧的亮面效果。用"钢笔工具"✎在壶身的左侧绘制一个形状，如图6-129所示。在菜单栏中执行"窗口/属性"命令，在"属性"面板中调整"羽化"值，效果如图6-130所示，整体效果如图6-131所示。

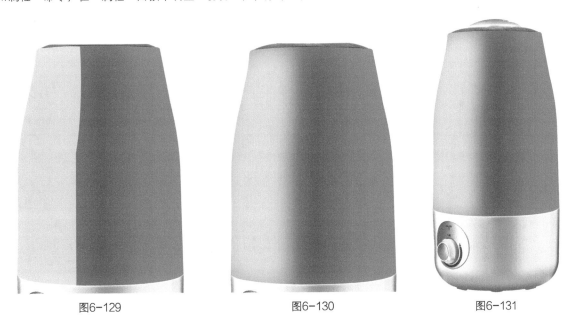

图6-129　　　　　　　　　　　图6-130　　　　　　　　　　　图6-131

05 加强亮面的层次感。用"钢笔工具"在壶身左侧绘制一个形状，如图6-132所示。在菜单栏中执行"窗口/属性"命令，在"属性"面板中调整"羽化"值，效果如图6-133所示。接着添加图层蒙版，用"画笔工具"适当涂抹壶身的下端，效果如图6-134所示，整体效果如图6-135所示。

图6-132　　　　　　　　图6-133　　　　　　　　图6-134　　　　　　　　图6-135

06 在壶身左侧继续绘制一个较暗的形状，并填充合适的颜色，如图6-136所示。在菜单栏中执行"窗口/属性"命令，在"属性"面板中调整"羽化"值，效果如图6-137所示。接着添加图层蒙版，用"画笔工具"对整体形状进行适当涂抹，效果如图6-138和图6-139所示。

图6-136　　　　　　　　图6-137　　　　　　　　图6-138　　　　　　　　图6-139

07 在壶身左侧绘制一个比上一步更亮一些的形状，并填充合适的颜色，如图6-140所示。在"属性"面板中调整"羽化"值，效果如图6-141所示。接着添加图层蒙版，用"画笔工具" [图标] 着重对图形的下端进行涂抹，效果如图6-142和图6-143所示。

图6-140   图6-141   图6-142   图6-143

08 在壶身左侧绘制一个较亮的形状，如图6-144所示。在"属性"面板中调整"羽化"值，效果如图6-145所示。接着添加图层蒙版，用"画笔工具" [图标] 着重对形状的下端进行涂抹，效果如图6-146所示，整体效果如图6-147所示。

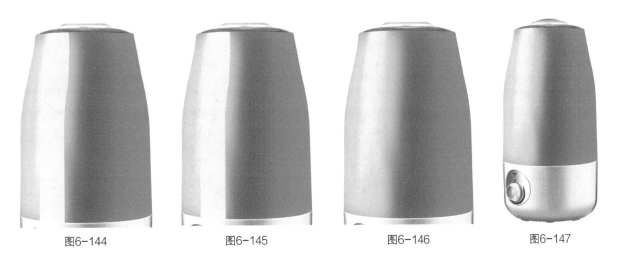

图6-144   图6-145   图6-146   图6-147

09 在壶身左侧绘制出一个更亮一些的形状，如图6-148所示。在"属性"面板中调整"羽化"值，效果如图6-149所示。接着添加图层蒙版，用"画笔工具" 对形状进行涂抹处理，效果如图6-150所示，整体效果如图6-151所示。

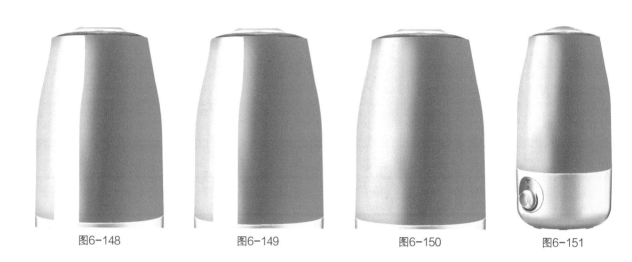

图6-148　　　　　　　图6-149　　　　　　　图6-150　　　　　　　图6-151

10 绘制出壶身右侧的亮部效果。用"钢笔工具" 在壶身右侧绘制一个形状，如图6-152所示。在菜单栏中执行"窗口/属性"命令，在"属性"面板中调整"羽化"值，效果如图6-153所示。接着添加图层蒙版，用"画笔工具" 着重对形状的下端进行涂抹，效果如图6-154所示，整体效果如图6-155所示。

图6-152　　　　　　　图6-153　　　　　　　图6-154　　　　　　　图6-155

11 增强壶身右侧亮面的层次感。用"钢笔工具" 在壶身右侧绘制一个形状，如图6-156所示。添加图层蒙版，用"画笔工具" 着重对形状的下端进行涂抹，效果如图6-157和图6-158所示。

图6-156   图6-157   图6-158

12 用"钢笔工具" 继续在壶身右侧绘制一个较亮的形状，如图6-159所示。添加图层蒙版，用"画笔工具" 对形状的边缘进行涂抹，效果如图6-160和图6-161所示。

图6-159   图6-160   图6-161

13 将左右两侧的亮面效果绘制完成之后，发现中间区域的暗部效果不是很明显，因此，这里需要强调一下暗部效果。用"矩形工具" ▣ 在壶身中部绘制一个形状，如图6-162所示。在菜单栏中执行"窗口/属性"命令，在"属性"面板中调整"羽化"值，效果如图6-163所示。接着在"图层"面板中适当降低不透明度，效果如图6-164所示，整体效果如图6-165所示。

图6-162   图6-163   图6-164   图6-165

14 由于壶身是带有一定弧度变化的，且中部凹槽区域中是不容易受光的，因此需要加深处理一下。用"画笔工具" ✐ 在壶身中间暗部区域做适当涂抹和加深处理，效果如图6-166所示。在"图层"面板中对进行了调整的图层适当降低不透明度，效果如图6-167所示，整体效果如图6-168所示。

图6-166   图6-167   图6-168

15 绘制右侧边缘上的反光。用"钢笔工具" 在壶身右侧边缘绘制一个形状，如图6-169所示。在菜单栏中执行"窗口/属性"命令，在"属性"面板中调整"羽化"值，效果如图6-170所示，整体效果如图6-171所示。

图6-169   图6-170   图6-171

16 左侧也做同样处理。用"钢笔工具" 在壶身的左侧边缘绘制一个形状，如图6-172所示。在菜单栏中执行"窗口/属性"命令，在"属性"面板中调整"羽化"值，效果如图6-173所示，整体效果如图6-174所示。

图6-172   图6-173   图6-174

17 绘制壶身边缘的轮廓效果。用"画笔工具"✎沿着壶身的左侧边缘绘制一条黑边，效果如图6-175所示。将黑边复制出一条，并填充为白色，同时适当向右移动一下位置，作为黑边旁的反光，效果如图6-176所示，整体效果如图6-177所示。

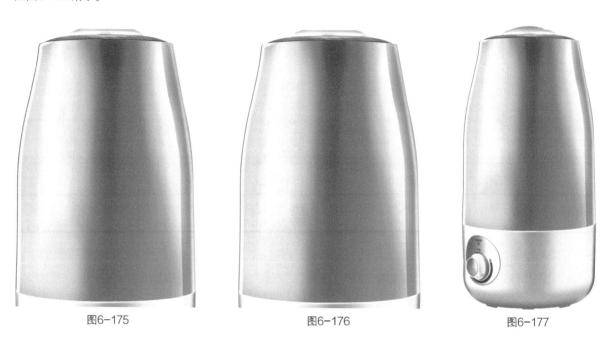

图6-175   图6-176   图6-177

18 绘制壶身顶部边缘线上的高光。用"钢笔工具"✐在壶身顶部边缘绘制出一条高光线，如图6-178所示。在菜单栏中执行"窗口/属性"命令，在"属性"面板中调整"羽化"值，效果如图6-179所示，整体效果如图6-180所示。

图6-178   图6-179   图6-180

19 完成上一步绘制之后，发现壶身左上方的高光还有点弱，需要强化一下。用"钢笔工具" ✐ 在壶身左上方绘制一个形状，如图6-181所示。添加图层蒙版，用"画笔工具" ✐ 对形状进行适当涂抹处理，效果如图6-182所示，整体效果如图6-183所示。

图6-181　　　　　　　　　　　　　图6-182　　　　　　　　　　　　　图6-183

20 添加壶身与壶底之间凹槽的光影。用"钢笔工具" ✐ 在壶身与壶底的衔接处绘制一条较细的黑边，如图6-184所示。在同样的位置绘制一条较粗、较明显的黑边，以起到强调的作用，如图6-185所示，整体效果如图6-186所示。

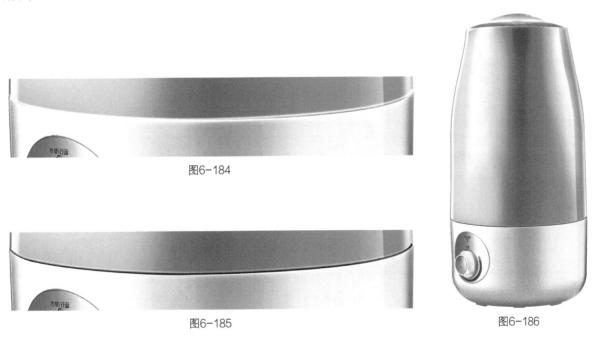

图6-184

图6-185　　　　　　　　　　　　　图6-186

21 绘制出壶身左侧的水箱。从基本形的绘制开始，用"钢笔工具" ✐ 在壶身左侧绘制一个形状，如图6-187所示。单击"添加图层样式"按钮 *fx.*，选择"斜面和浮雕"选项，并进行参数设置，如图6-188所示，效果如图6-189所示。接着勾选"图层样式"中的"外发光"复选框，同样进行参数设置，如图6-190所示，效果和图6-191所示，整体效果如图6-192所示。

图6-187　　　　　　　　　　图6-188　　　　　　　　　　图6-189

图6-190　　　　　　　　　　图6-191　　　　　　　　　　图6-192

22 绘制水箱的亮部。用"钢笔工具" ✐ 在水箱的左侧绘制一个形状，如图6-193所示。在菜单栏中执行"窗口/属性"命令，在"属性"面板中调整"羽化"值，效果如图6-194所示，整体效果如图6-195所示。

图6-193　　　　　　　　　　图6-194　　　　　　　　　　图6-195

23 完善水箱上的高光细节。用"钢笔工具" ✐在水箱上绘制一个高光，如图6-196所示。在菜单栏中执行"窗口/属性"命令，在"属性"面板中调整"羽化"值，效果如图6-197所示，整体效果如图6-198所示。

图6-196　　　　　　　　　　　图6-197　　　　　　　　　　　图6-198

24 绘制水箱的暗部效果。用"钢笔工具" ✐绘制出水箱内轮廓的基本形状，效果如图6-199所示。在内轮廓偏右的位置绘制一个颜色浅一些的形状，并在菜单栏中执行"窗口/属性"命令，在"属性"面板中调整"羽化"值，效果如图6-200所示。接着在水箱的左侧绘制一个颜色深一些的形状，以起到强调暗部并加强暗部层次感的作用，效果如图6-201所示，整体效果如图6-202所示。

图6-199　　　　　　　　图6-200　　　　　　　　图6-201　　　　　　　　图6-202

25 添加壶身上的标识，并绘制出一些光影效果。将制作好的"小熊"标识置入水箱的下方位置，效果如图6-203所示。使用"矩形工具" ▣绘制一个矩形，叠加在标识的右边，并创建剪贴蒙版，效果如图6-204所示。接着在"属性"面板中调整矩形的"羽化"值，以让标识呈现出自然的光影渐变效果，如图6-205所示，整体效果如图6-206所示。

图6-203　　　　　　　　图6-204　　　　　　　　图6-205　　　　　　　　图6-206

6.4.5 绘制按钮部分的光影

01 仔细观察原图中的按钮部分，会发现左边为暗部区域，右边为亮部区域。先从亮部区域开始绘制，用"钢笔工具"在按钮右侧绘制一个形状，如图6-207所示。在菜单栏中执行"窗口/属性"命令，在"属性"面板中调整"羽化"值，效果如图6-208所示，整体效果如图6-209所示。

图6-207

图6-208

图6-209

02 绘制暗部阴影。用"钢笔工具"在按钮左侧绘制一个阴影形状，如图6-210所示。在菜单栏中执行"窗口/属性"命令，在"属性"面板中调整"羽化"值，效果如图6-211所示。接下来添加图层蒙版，用"画笔工具"对形状进行适当涂抹处理，效果如图6-212所示，整体效果如图6-213所示。

图6-210

图6-211

图6-212

图6-213

03 此时发现按钮的亮部效果还不够理想，需要强调一下。将之前制作好的亮部效果复制一个，效果如图6-214和图6-215所示。

图6-214

图6-215

04 调整按钮区域中的字样。用"修复画笔工具" 和"仿制图章工具" 将按钮四周的字样去除，效果如图6-216所示。使用"文字工具" 在原字体的位置重新补充文字，效果如图6-217所示，整体效果如图6-218所示。

图6-216

图6-217

图6-218

小结

　　电器类产品相对于其他类型的产品在结构上往往更复杂，并且配合对称光的拍摄，光影的细节变化也较多，所以在修图前务必根据产品的结构变化对产品的光影进行仔细的分析，之后再修图。

　　该产品相对于上一章的唇膏产品来说，表面较光滑，光源模糊程度较小，明暗过渡较明显，反射较强，但在修图过程中仍然不能脱离其属于塑料材质的处理原则，要保证产品的真实性与自然效果。

Ps

A'BOUTIQUE

精致 · 品位 · 华丽

第7章

亮面金属材质产品的
修图技法

本次修图的对象是一款金属材质的加热水壶，产品结构较复杂，表面较光滑，光源模糊程度较小，明暗过渡明显，反射较强。在修图过程中，应特别注意光影层次感的强化与表现，同时光影细节的处理也很重要，要保证产品效果的真实与自然。

◎ 透视结构的优化　　　◎ 污点的修复方法

◎ 光影层次感的表现　　◎ 羽化处理与蒙版的使用

PRODUCT REFINEMENT

7.1 产品分析

在之前的实例讲解过程当中，我们强调任何物品都是由基本形构成的。随着目前市面上的产品复杂化和多样化的发展，各类产品的组成结构也愈加复杂。

针对本次的水壶产品的修图，在基本形的构成上包括壶盖上方的金属部分、壶盖、壶嘴、壶身、壶把、开关按钮和壶底7个部分，如图7-1所示。

壶盖金属部分

壶盖

壶嘴

Midea

壶把

壶身

开关按钮

壶底

图7-1

┌─ Tips ┐
│ 产品的每个部分由于材质和形状上的差别，受到的光虽然一样，但是具体表现出来的效果却各有不同。

此产品为金属材质，整体形态类似于圆柱体，为单侧光拍摄。当光投向该产品时，反射强烈，深色到浅色过渡距离较短，明暗反差较大，如图7-2和图7-3所示。

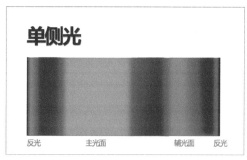

单侧光

反光   主光面   辅光面   反光

图7-2

图7-3

146

7.2 修图要点

　　仔细观察产品会发现，此产品的结构较复杂，且各有不同的材质特点，因此在修产品前务必观察产品的形体是否规整，颜色是否理想，以及是否存在瑕疵等问题。修图前后的对比效果如图7-4所示。

　　经过观察原图，可以发现水壶的形态规整，无缺口或者倾斜等情况，但颜色饱和度不够，导致其整体看起来发灰、不够鲜亮，同时壶盖部分存在一定的瑕疵。

　　针对本次修图，需要着重注意以下几点。

　　★　形体准确。在绘制基本形的时候，注意透视关系的调整，形体结构要把握到位。

　　★　在绘制壶身时，注意其类似圆柱体，呈中间暗、两面亮状态。其中左侧为主光面，右侧为辅光面，主光面较亮，辅光面较暗，此外，瓶身左右边缘还有一定的反光。

　　★　在绘制壶嘴时，注意光影过渡要明显，转折线上存在明显的阴影效果，且边缘有较明显的反光。

　　★　在绘制壶盖部分的光影时，注意将其拆分为出气口、侧面和转折线部分，并且依次进行修图。修图过程中需要特别注意对转折线上的光影的处理，将壶盖的立体感塑造出来。

　　★　在绘制壶盖上的金属部分时，除了要将该有的光影都表现出来之外，还要注意其金属质感的表现。

　　★　在绘制开关按钮上的光影时，虽然该部分占整个产品的面积较小，但是它该有的光影效果和细节都应该表现出来，以体现出产品的真实感。

　　★　在绘制壶底时，着重对转折边的光影塑造，以将立体感表现出来，在塑造光影的同时要注意其光影关系的变化与瓶身一致。

修图后

修图前

图7-4

7.3 核心步骤

- 绘制壶身的光影。首先使用"钢笔工具" ↗绘制壶身并填充基本色，效果如图7-5所示。然后绘制壶身的亮部，效果如图7-6所示。接着绘制壶身的暗部，效果如图7-7所示。最后给整体壶身添加一些细节，整体效果如图7-8所示。

图7-5   图7-6   图7-7   图7-8

- 绘制壶嘴上的光影。壶嘴部分主要针对外部进行绘制。首先使用"钢笔工具" ↗绘制壶嘴外部并填充基本色，效果如图7-9所示。然后绘制出壶嘴外部的亮部和暗部，效果如图7-10所示。接着绘制壶嘴外部的反光，效果如图7-11所示。最后添加光影的细节，效果如图7-12所示。绘制完成后的效果如图7-13所示。

图7-9   图7-10

图7-11   图7-12   图7-13

■　绘制壶盖上的光影。首先使用"钢笔工具" ✐绘制出气口部分的光影，效果如图7-14所示。然后绘制侧面的光影，效果如图7-15所示。最后绘制转折线上的光影，效果如图7-16所示。绘制完成后的效果如图7-17所示。

图7-14

图7-15

图7-16

图7-17

■　绘制壶盖上金属部分的光影。首先使用"污点修复画笔工具" ✐去除掉金属部位的瑕疵，效果如图7-18所示。然后绘制亮部，并注意做羽化处理，效果如图7-19所示。接着绘制暗部，效果如图7-20所示。最后绘制凹槽区域的光影，并注意添加细节，效果如图7-21所示。绘制完成后的效果如图7-22所示。

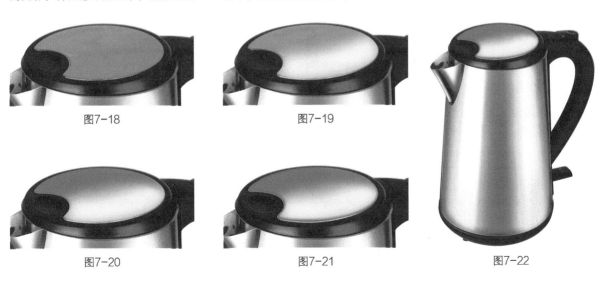

图7-18　　　　　　　　　　图7-19

图7-20　　　　　　　　　　图7-21　　　　　　　　图7-22

■ 绘制壶把上的光影。首先使用"钢笔工具" 绘制壶把的亮部，效果如图7-23所示。然后绘制壶把的反光，效果如图7-24所示。接着绘制壶把的暗部，效果如图7-25所示。最后添加细节，并注意转折面的处理，效果如图7-26所示。绘制完成后的效果如图7-27所示。

图7-23　　　　图7-24　　　　图7-25　　　　图7-26　　　　图7-27

■ 绘制开盖按钮上的光影。首先使用"钢笔工具" 绘制开盖按钮并填充基本色，效果如图7-28所示。然后绘制开盖按钮的亮部，效果如图7-29所示。接着绘制开盖按钮的转折面光影和凹槽处的反光，效果如图7-30所示。最后添加细节，效果如图7-31所示。绘制完成后的效果如图7-32所示。

图7-28

图7-29

图7-30　　　　　　　图7-31　　　　　　　图7-32

■　绘制加热开关上的光影。首先使用"钢笔工具"绘制加热开关的亮部，并注意做羽化处理，效果如图7-33所示。然后绘制加热开关的暗部，效果如图7-34所示。最后绘制转折面的光影，效果如图7-35所示。绘制完成后的效果如图7-36所示。

图7-33

图7-34　　　　　　图7-35　　　　　　　　　　图7-36

■　绘制壶底的光影。首先使用"钢笔工具"绘制壶底的凹槽线和辅光面右侧的暗部，效果如图7-37所示。然后绘制壶底的主光面效果，如图7-38所示。接着绘制壶底的辅光面效果，并添加细节，效果如图7-39所示。绘制完成后的效果如图7-40所示。

图7-37

图7-38

图7-39　　　　　　　　　　图7-40

■ 处理整体细节。使用"钢笔工具" 在壶盖与壶身衔接的地方绘制一条反光线，并添加图层蒙版，使用"画笔工具"适当涂抹壶把处的光影，以将其凹槽的效果凸显出来，效果如图7-41和图7-42所示。

图7-41

图7-42

7.4 修图过程

实例位置	学习资源>CH07>亮面金属材质产品的修图技法.psd
视频位置	视频>CH07>亮面金属材质产品的修图技法.mp4

7.4.1 绘制壶身的光影

■ **填充壶身的基本色**

01 使用"钢笔工具" 勾勒壶身部分的形状，并将其作为一个选区，然后填充基本色，效果如图7-43所示。

02 完成上一步操作之后，将该图层的"混合模式"设为"柔光"，得到图7-44所示的效果。

图7-43

图7-44

■　绘制壶身的亮部效果

01 用"钢笔工具" 在壶身的亮部区域绘制两个形状，并根据产品的光影关系分别填充不同的颜色，效果如图7-45所示。执行"窗口/属性"菜单命令，在"属性"面板中调整"羽化"值，效果如图7-46所示。

> **Tips**
>
> 　　如果羽化后还是觉得亮部边缘生硬，可添加图层蒙版，并用"画笔工具" 在亮部边缘轻轻涂抹，直至将其调整出理想的效果。

图7-45　　　　　　　　图7-46

02 添加壶身的高光。用"钢笔工具" 在壶身部分绘制出两个图形，如图7-47所示。执行"窗口/属性"菜单命令，在"属性"面板中调整"羽化"值，效果如图7-48所示。

03 对壶身的高光做进一步处理。根据产品的光影关系，可以判断出光照在壶身偏上的位置，且整个壶体呈上窄下宽的形态，所以其高光由上而下逐渐消失。添加图层蒙版，用"画笔工具" 对靠近壶底的高光进行适当涂抹，效果如图7-49所示。

图7-47　　　　　　　　图7-48　　　　　　　　图7-49

> **Tips**
>
> 　　在产品修图当中，除了力求将产品修得更加美观之外，还需依照产品在实际生活当中的光影关系与变化来进行处理，所以，在平日里大家应对生活中的事物多细心观察和积累。

04 到这一步，发现水壶右侧的高光效果不是很理想。虽说单侧光有主光面和辅光面之分，但按照实际情况来说，这里的主光面和辅光面的高光效果应该是一致的，只是面积大小存在差异而已。用"钢笔工具" 🖊 在水壶右侧绘制一个较窄的形状，效果如图7-50所示。执行"窗口/属性"菜单命令，在"属性"面板中调整"羽化"值，效果如图7-51所示。

图7-50 　　　　　　　　　　　图7-51

05 添加图层蒙版，并使用"画笔工具" 🖌 对水壶右侧的高光进行适当涂抹，效果如图7-52所示。

06 此时发现高光部分的效果依然不够理想，依照上一步的操作，用"钢笔工具" 🖊 在水壶左右两侧的高光位置绘制两个形状。执行"窗口/属性"菜单命令，在"属性"面板中调整"羽化"值，效果如图7-53所示。

07 此时发现制作出来的光效挡住了下层壶身的纹理，所以，这一步需要适当降低高光图层的不透明度，得到图7-54所示的效果。

图7-52 　　　　　　　　　　图7-53 　　　　　　　　　　图7-54

> **Tips**
>
> 　壶身亮部效果处理完成之后，建议将其进行建组并重新命名，以便后续查找。

■ 绘制壶身的暗部效果

01 添加壶身中部的暗部效果。新建图层，将图层置于亮部图层的下方。用"钢笔工具" 🖊在壶身的暗部区域绘制一个形状，效果如图7-55所示。接着执行"窗口/属性"菜单命令，在"属性"面板中调整"羽化"值，效果如图7-56所示。

图7-55　　　　　　　　　　　　　　　图7-56

02 添加壶身的暗部层次。用"钢笔工具" 🖊在壶身的中部区域绘制一个形状，效果如图7-57所示。执行"窗口/属性"菜单命令，在"属性"面板中调整"羽化"值，效果如图7-58所示。

03 此时发现上一步绘制好的效果偏暗，所以，需要适当降低该图层的不透明度，效果如图7-59所示。

图7-57　　　　　　　　　　图7-58　　　　　　　　　　图7-59

04 继续添加壶身的暗部层次。用"钢笔工具"  在壶身的中部区域绘制一个形状，效果如图7-60所示。执行"窗口/属性"菜单命令，在"属性"面板中调整"羽化"值，效果如图7-61所示。

05 继续用"钢笔工具" 在壶身的中部区域绘制一个较窄的形状，效果如图7-62所示。执行"窗口/属性"菜单命令，在"属性"面板中调整"羽化"值，效果如图7-63所示。

图7-60

图7-61　　　　　　　　　　　　图7-62　　　　　　　　　　　　图7-63

06 进一步添加产品的暗部层次。用"钢笔工具" 绘制一个形状，效果如图7-64所示。执行"窗口/属性"菜单命令，在"属性"面板中调整"羽化"值，效果如图7-65所示。

07 添加图层蒙版，用"画笔工具" 着重对形状的上端做涂抹处理，效果如图7-66所示。

图7-64　　　　　　　　　　　　图7-65　　　　　　　　　　　　图7-66

08 利用单侧光拍摄的产品，除了中间部分有一定的暗部阴影以外，其左右两侧也同样存在一些暗部效果。从添加右侧的暗部效果开始，用"钢笔工具" 在壶身的右侧绘制出如图7-67所示的图形。执行"窗口/属性"菜单命令，在"属性"面板中调整"羽化"值，效果如图7-68所示。

图7-67   图7-68

09 完成上一步操作之后，继续为壶身左侧添加暗部阴影效果。用"钢笔工具" 在壶身左侧绘制出如图7-69所示的图形。执行"窗口/属性"菜单命令，在"属性"面板中调整"羽化"值，效果如图7-70所示。

图7-69   图7-70

10 添加产品左侧的暗部层次。用"钢笔工具" 在壶身左侧的边缘处绘制出如图7-71所示的形状。执行"窗口/属性"菜单命令，在"属性"面板中调整"羽化"值，效果如图7-72所示。

> **Tips**
>
> 在对金属材质的产品进行修图时，对其带有硬朗边缘的地方一般需要在图层下面铺垫多个图层效果来进行过渡，避免效果生硬、不自然。

图7-71   图7-72

11 进一步添加壶身左侧的暗部层次。用"钢笔工具" 在壶身左侧的边缘处绘制一个如图7-73所示的形状。执行"窗口/属性"菜单命令，在"属性"面板中调整"羽化"值，效果如图7-74所示。

≺ Tips ≻

对稍微模糊的效果处理，有些人会说效果区别不大，可以忽略，但事实并非如此。此操作属于很细节的修图部分，需要修图师非常耐心才可以做到，其目的是确保产品即便是放到很大后观察，也不会显得太过突兀，而让人感觉不舒服。

图7-73   图7-74

12 绘制壶身左侧暗部边缘的反光。用"钢笔工具" 在壶身左侧的边缘处绘制一个如图7-75所示的形状。执行"窗口/属性"菜单命令，在"属性"面板中调整"羽化"值，效果如图7-76所示。

13 添加图层蒙版，使用"画笔工具" 对上一步羽化处理后的形状的上下两端进行涂抹处理，得到图7-77所示的效果。

图7-75   图7-76   图7-77

- **添加整体细节**

01 仔细观察壶身，会在壶身右侧边缘看到只露出了部分黑色壶把，而就产品拍摄角度而言，此种效果并非是理想的，所以，在修图中需要予以修正。用"钢笔工具" ✐ 在壶身右侧绘制出一个形状，并填充与壶把基本色同样的颜色，效果如图7-78所示。

02 按照产品的光影作用来看，在水壶每个部位的衔接处都应展现出其该有的光影细节。用"钢笔工具" ✐ 在壶身与壶底的衔接处绘制一个如图7-79所示的形状。执行"窗口/属性"菜单命令，在"属性"面板中调整"羽化"值，效果如图7-80所示。

图7-78   图7-79

图7-80

> **Tips**
>
> 在壶身和壶底转折的地方有两个面：一个是靠近壶底的面，受不到光照，为暗部区域，可以保持不变；另一个为靠近壶身的面，为亮部区域，因此应该带点偏亮的效果。

03 加深壶身和壶底转折处的暗部效果。用"钢笔工具" ✐ 在壶身和壶底的衔接处绘制一个如图7-81所示的形状，依照实际的效果来决定是否调整"羽化"值。这里绘制好形状后，感觉效果合适，所以不必调整。

04 在壶身和壶底连接的地方绘制一条高光线。用"钢笔工具" ✐ 在壶身和壶底连接的地方绘制出如图7-82所示的形状，并填充合适的颜色。执行"窗口/属性"菜单命令，在"属性"面板中调整"羽化"值，效果如图7-83所示。

图7-81   图7-82   图7-83

05 绘制壶盖与壶身衔接处的光影效果。用"椭圆工具"  在壶盖与壶身的衔接处绘制出第1个椭圆形状，将其置于壶盖的下方位置，效果如图7-84所示。将该图层的"混合模式"设为"正片叠底"，效果如图7-85所示。

06 将制作好的效果复制一个并原位粘贴。将其颜色填充为较深一些的颜色，作为第2个椭圆效果，同时适当留出一定的边缘，效果如图7-86所示。

图7-84

图7-85

图7-86

07 继续将制作好的效果复制一个并原位粘贴。将颜色修改为比第1个图形颜色更亮一些的白色，作为第3个椭圆效果，然后将其置于比壶盖边缘往里的位置，效果如图7-87所示。完成后，将该图层的"混合模式"设为"柔光"，得到图7-88和图7-89所示的效果。

图7-87

图7-88

图7-89

7.4.2　绘制壶嘴的光影

01 仔细观察水壶的壶嘴部分，可以发现其包括内部和外部两个面，这里主要调整外部的光影。用"钢笔工具" ✐ 勾勒出壶嘴的外轮廓，并填充基本色，效果如图7-90所示。

02 要注意，水壶的壶嘴呈上大下小的形态，而且为单侧光拍摄，所以壶嘴的下方与壶身连接的地方较暗。用"钢笔工具" ✐ 沿着壶嘴的外部边缘绘制一个形状，效果如图7-91所示。执行"窗口/属性"菜单命令，在"属性"面板中调整"羽化"值，效果如图7-92所示。

图7-90

图7-91

03 绘制壶嘴的高光。用"钢笔工具" ✐ 在壶嘴的中间区域绘制一个形状，效果如图7-93所示。执行"窗口/属性"菜单命令，在"属性"面板中调整"羽化"值，效果如图7-94所示。

图7-92

图7-93

图7-94

04 加强壶嘴边缘的暗部层次。在工具箱中选择"画笔工具" ，将画笔"大小""硬度"和"流量"等都设置好，然后对壶嘴边缘进行适当涂抹，局部效果如图7-95所示，整体效果如图7-96所示。

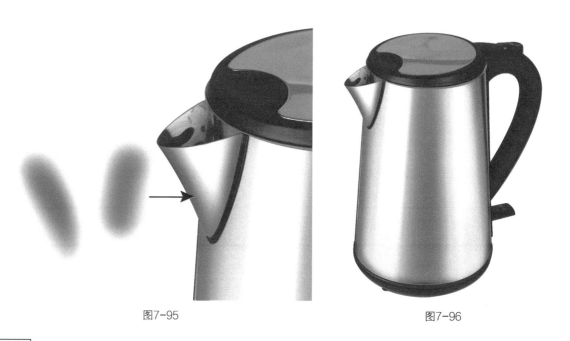

图7-95   图7-96

05 继续添加壶嘴的光影层次。用"钢笔工具" 在壶嘴的转折面上绘制一个形状，效果如图7-97所示。执行"窗口/属性"菜单命令，在"属性"面板中调整"羽化"值，效果如图7-98所示。

图7-97   图7-98

06 继续加强暗部的层次感。用"钢笔工具" 在壶嘴的转折面区域绘制一个较窄一些的形状，效果如图7-99所示。执行"窗口/属性"菜单命令，在"属性"面板中调整"羽化"值，效果如图7-100所示。绘制好之后，发现效果偏暗，所以适当降低图层的不透明度，效果如图7-101和图7-102所示。

图7-99

图7-100

图7-101

图7-102

07 绘制壶嘴转折线上的反光。用"钢笔工具" 在壶嘴的转折线上绘制一个形状，效果如图7-103所示。执行"窗口/属性"菜单命令，在"属性"面板中调整"羽化"值，效果如图7-104所示。绘制好之后，发现效果过亮，所以适当降低图层的不透明度，效果如图7-105和图7-106所示。

图7-103

图7-104

图7-105

图7-106

08 此时发现反光的层次感还不够，需要继续添加。用"钢笔工具" 在壶嘴的转折线上绘制一个较窄一些的形状，效果如图7-107所示。执行"窗口/属性"菜单命令，在"属性"面板中调整"羽化"值，效果如图7-108所示。绘制好之后，发现效果过亮，所以适当降低图层的不透明度，效果如图7-109和图7-110所示。

图7-107

图7-108

图7-109

图7-110

09 继续加强壶嘴的转折面区域的暗部层次。用"钢笔工具" ⬛在壶嘴的转折面位置绘制一个形状，效果如图7-111所示。执行"窗口/属性"菜单命令，在"属性"面板中调整"羽化"值，效果如图7-112所示，接着添加图层蒙版，用"画笔工具" ⬛对形状的两端进行涂抹处理，效果如图7-113所示。绘制完成后的整体效果如图7-114所示。

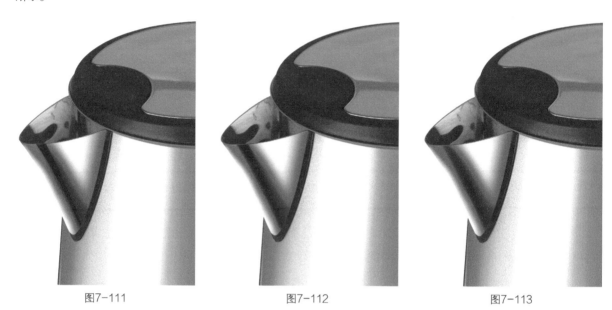

图7-111   图7-112   图7-113

图7-114

10 绘制壶嘴转折面边缘的阴影效果。用"钢笔工具" ✐ 在壶嘴转折面的边缘绘制一条黑边，效果如图7-115所示。执行"窗口/属性"菜单命令，在"属性"面板中调整"羽化"值，效果如图7-116所示。整体效果如图7-117所示。

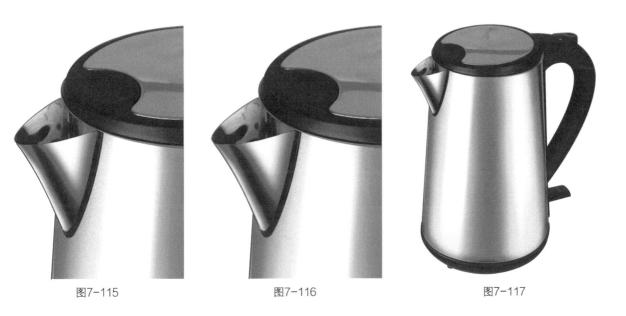

图7-115   图7-116   图7-117

11 添加壶嘴转折线上的亮部层次。用"钢笔工具" ✐ 在壶嘴的转折线上绘制一个形状，效果如图7-118所示。执行"窗口/属性"菜单命令，在"属性"面板中调整"羽化"值，效果如图7-119所示。整体效果如图7-120所示。

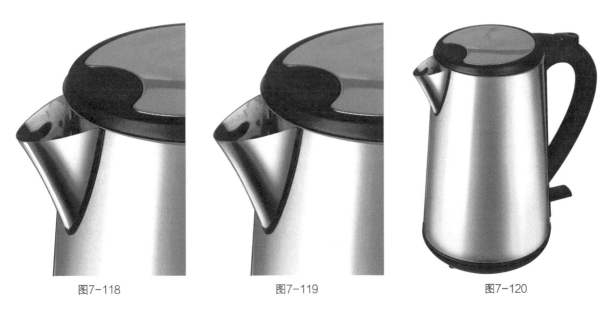

图7-118   图7-119   图7-120

7.4.3 绘制壶盖的光影

■ 绘制出气口部分的光影

01 在绘制之前，先观察壶盖部分，可以发现在壶盖的上方有一个出气口，从这里开始绘制。用"椭圆工具" 在出气口的位置绘制一个椭圆形状，效果如图7-121所示。

图7-121

02 由于拍摄时主光源在产品的左侧，所以，出气口的受光部位应该在靠左边的位置，而背光部位应该在靠右边的位置。现在绘制背光部位的暗部效果，用"钢笔工具" 在出气口靠右的位置绘制一个形状，效果如图7-122所示。执行"窗口/属性"菜单命令，在"属性"面板中调整"羽化"值，效果如图7-123所示。绘制完成后的整体效果如图7-124所示。

图7-122

图7-123

图7-124

03 绘制出气口位置的亮部效果。用"钢笔工具" 💇 在出气口靠左面的位置绘制一个形状，效果如图7-125所示。执行"窗口/属性"菜单命令，在"属性"面板中调整"羽化"值，效果如图7-126所示。绘制完成后的整体效果如图7-127所示。

图7-125

图7-126

图7-127

04 绘制出气口边缘位置的反光。用"钢笔工具" 💇 在出气口边缘位置绘制一个形状，效果如图7-128所示。适当调整该图层的不透明度，效果如图7-129所示。绘制完成后的整体效果如图7-130所示。

图7-128

图7-129

图7-130

- **绘制侧面的光影**

01 从主光面效果开始绘制。用"钢笔工具" ✐ 在壶盖侧面的左侧绘制一个形状，效果如图7-131所示。执行"窗口/属性"菜单命令，在"属性"面板中调整"羽化"值，效果如图7-132所示。绘制完成后的整体效果如图7-133所示。

图7-131   图7-132   图7-133

02 绘制辅光面的效果。用"钢笔工具" ✐ 在壶盖侧面的右侧绘制一个形状，效果如图7-134所示。执行"窗口/属性"菜单命令，在"属性"面板中调整"羽化"值，效果如图7-135所示。绘制完成后的整体效果如图7-136所示。

图7-134   图7-135   图7-136

03 绘制暗部效果。用"钢笔工具" ✐ 在壶盖侧面的中间区域绘制一个形状，效果如图7-137所示。执行"窗口/属性"菜单命令，在"属性"面板中调整"羽化"值，效果如图7-138所示。绘制完成后的整体效果如图7-139所示。

图7-137   图7-138   图7-139

04 用"钢笔工具" 🖊 在壶盖侧面的左侧绘制一个形状,效果如图7-140所示。执行"窗口/属性"菜单命令,在"属性"面板中调整"羽化"值,效果如图7-141所示。接着添加图层蒙版,用"画笔工具" 🖌 对形状做适当涂抹处理,效果如图7-142所示。绘制完成后的整体效果如图7-143所示。

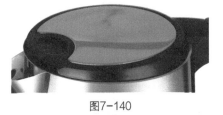

图7-140

图7-141

图7-142

图7-143

05 绘制左侧边缘的反光。用"钢笔工具" 🖊 在左侧边缘绘制一个形状,效果如图7-144所示。执行"窗口/属性"菜单命令,在"属性"面板中调整"羽化"值,效果如图7-145所示。绘制完成后的整体效果如图7-146所示。

图7-144

图7-145

图7-146

▪ 绘制转折线上的光影

01 从阴影开始绘制。用"钢笔工具" 🖊 在壶盖上方和侧面的衔接处绘制一个形状,效果如图7-147所示。执行"窗口/属性"菜单命令,在"属性"面板中调整"羽化"值,效果如图7-148所示。接着添加图层蒙版,用"画笔工具" 🖌 对形状做适当涂抹处理,效果如图7-149所示。绘制完成后的整体效果如图7-150所示。

图7-147

图7-148

图7-149

图7-150

02 绘制反光。用"钢笔工具" 在转折线的右侧绘制一个形状，效果如图7-151所示。执行"窗口/属性"菜单命令，在"属性"面板中调整"羽化"值，效果如图7-152所示。绘制完成后的整体效果如图7-153所示。

图7-151

图7-152

图7-153

7.4.4 绘制壶盖金属部分的光影

01 用"污点修复画笔工具" 去除壶盖金属部分的瑕疵，效果如图7-154所示，整体效果如图7-155所示。

> **Tips**
>
> 修复瑕疵是产品修图中常涉及的工作内容，也是一门必修课，在平时练习中需要随时注意。

图7-154

图7-155

02 绘制亮部效果。用"钢笔工具" 在金属部分的前面部分绘制一个形状，效果如图7-156所示。执行"窗口/属性"菜单命令，在"属性"面板中调整"羽化"值，效果如图7-157所示。绘制完成后的整体效果如图7-158所示。

图7-156

图7-157

图7-158

03 绘制暗部效果。用"钢笔工具" 在金属部分的后面部分绘制一个形状，效果如图7-159所示。执行"窗口/属性"菜单命令，在"属性"面板中调整"羽化"值，效果如图7-160所示。绘制完成后的整体效果如图7-161所示。

图7-159

图7-160

图7-161

04 绘制金属部分边缘的凹槽。用"钢笔工具" 沿着金属部分的边缘绘制一个形状，效果如图7-162所示。执行"窗口/属性"菜单命令，在"属性"面板中调整"羽化"值，效果如图7-163所示。绘制完成后的整体效果如图7-164所示。

图7-162

图7-163

图7-164

05 添加凹槽部分的暗部层次感。仔细观察壶盖部分，可以发现在壶盖凹槽的左右两侧暗部效果较为明显。用"钢笔工具" 在凹槽的右侧绘制一个形状，效果如图7-165所示。在凹槽的左侧绘制一个形状，效果如图7-166所示。绘制完成后的整体效果如图7-167所示。

图7-165

图7-166

图7-167

06 添加整体细节。用"钢笔工具" ✍ 沿着凹槽的左后方绘制一条白边，作为该位置的反光，效果如图7-168所示。此时可以发现反光过亮，于是适当调整图层的不透明度，得到图7-169所示的效果。接着用"钢笔工具" ✍ 沿着凹槽的下方位置绘制一个反光，效果如图7-170所示。沿着凹槽左边靠近出气口的位置绘制一个形状，效果如图7-171所示。绘制完成后的整体效果如图7-172所示。

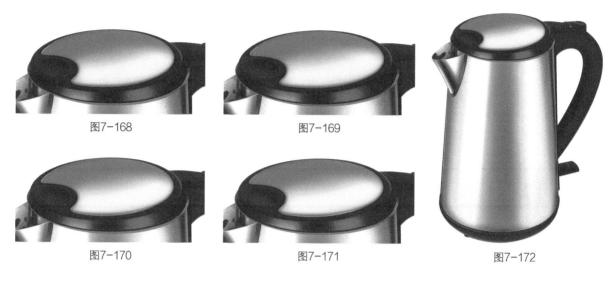

图7-168　　　　　　　图7-169

图7-170　　　　　　　图7-171　　　　　　　图7-172

7.4.5　绘制壶把上的光影

01 绘制壶把的亮部效果。用"钢笔工具" ✍ 沿着壶把的侧面绘制一个形状，效果如图7-173所示。执行"窗口/属性"菜单命令，在"属性"面板中调整"羽化"值，效果如图7-174所示。将该图层的"混合模式"设为"柔光"，效果如图7-175所示。绘制完成后的整体效果如图7-176所示。

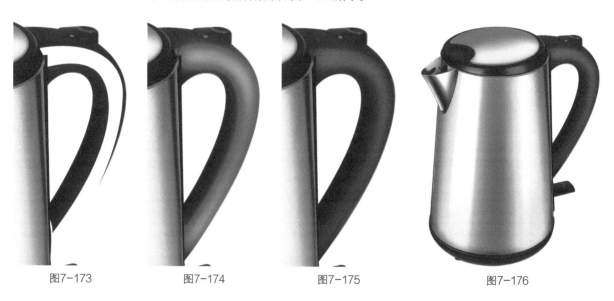

图7-173　　　　　　图7-174　　　　　　图7-175　　　　　　图7-176

02 绘制壶把上的反光。用"钢笔工具" ✐ 沿着壶把的内侧绘制一个形状，效果如图7-177所示。执行"窗口/属性"菜单命令，在"属性"面板中调整"羽化"值，效果如图7-178所示。将该图层的"混合模式"设为"柔光"，效果如图7-179所示。绘制完成后的整体效果如图7-180所示。

图7-177

图7-178

图7-179

图7-180

03 绘制壶把的暗部效果。用"钢笔工具" ✐ 在靠近壶把内侧的位置绘制一个形状，效果如图7-181所示。执行"窗口/属性"菜单命令，在"属性"面板中调整"羽化"值，效果如图7-182所示。绘制完成后的整体效果如图7-183所示。

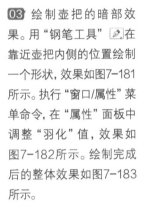

图7-181

图7-182

图7-183

04 绘制壶把上方的阴影效果。用"钢笔工具" ✐ 在壶把上方的转折面绘制一个形状，如图7-184所示。执行"窗口/属性"菜单命令，在"属性"面板中调整"羽化"值，效果如图7-185所示。绘制完成后的整体效果如图7-186所示。

图7-184

图7-185

图7-186

05 仔细观察壶把，可以发现壶把内外两侧的衔接处有一条凹槽线，这里需要用"钢笔工具" ✐绘制出来，效果如图7-187所示。绘制完成后的整体效果如图7-188所示。

◁ Tips ▷

该部分的绘制对于产品整体来说非常细微，但是不能忽略，这里绘制出来后可以让产品结构更加清晰，整体更显真实。

图7-187

图7-188

06 添加亮部的层次感。用"钢笔工具" ✐在壶把的亮部区域绘制一个形状，效果如图7-189所示。完成绘制之后，将该图层的"混合模式"设为"柔光"，效果如图7-190所示。绘制完成后的整体效果如图7-191所示。

图7-189

图7-190

图7-191

07 添加壶把上方转折面的反光。用"钢笔工具" ✐在壶把上方的转折面绘制一个形状，效果如图7-192所示。执行"窗口/属性"菜单命令，在"属性"面板中调整"羽化"值，效果如图7-193所示。绘制完成后的整体效果如图7-194所示。

图7-192

图7-193

图7-194

08 将上一步完成之后，将"壶开关"图层组调到"壶把"图层组的上方，"图层"面板如图7-195所示。调整后的画面效果如图7-196所示。整体效果如图7-197所示。

图7-195

图7-196　　　　图7-197

09 仔细观察壶把上方的转折面区域，会发现这里也有一个横向的凹槽线效果，所以，这里用"钢笔工具" 把它表现出来，效果如图7-198所示。绘制完成后的整体效果如图7-199所示。

⊲ Tips ⊳

　　该部分的绘制对于产品整体来说同样非常细微，要很仔细才能观察得到。在日常生活中，我们要养成仔细观察事物的好习惯。

图7-198　　　　图7-199

7.4.6　绘制开盖按钮上的光影

01 从开盖按钮的上方开始绘制，用"钢笔工具" 在开盖按钮最上方的那个面上绘制一个形状，效果如图7-200所示。

⊲ Tips ⊳

　　开盖按钮对于产品整体来说属于很小的一部分，但是其光影效果同样丰富。因此，在表现时需要先仔细观察，确定好光影关系之后，再进行绘制。

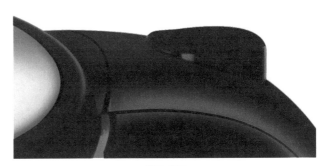

图7-200

02 绘制亮部效果。用"钢笔工具" 在开盖按钮的上方位置绘制一个形状，效果如图7-201所示。将该图层的"混合模式"设为"柔光"，并在"属性"面板中调整其"羽化"值，效果如图7-202所示。绘制完成后的整体效果如图7-203所示。

图7-201 图7-202 图7-203

03 用"钢笔工具" 在开盖按钮的顶部绘制一个形状，作为凹陷的阴影，效果如图7-204所示。完成后的整体效果如图7-205所示。

◁ Tips ▷

在绘制开盖按钮侧面的光影时，需要先与按钮的其他面的光影做对比，再将其调整到合适的状态。

图7-204 图7-205

04 绘制开盖按钮侧面的亮部效果。由于是侧面，所以亮度不会很高。用"矩形工具" 在开盖按钮的侧面绘制一个形状，效果如图7-206所示。执行"窗口/属性"菜单命令，在"属性"面板中调整"羽化"值，效果如图7-207所示。绘制完成后的整体效果如图7-208所示。

图7-206 图7-207 图7-208

05 用"矩形工具" 🔲在按钮侧面的左侧绘制一个矩形，效果如图7-209所示。添加图层蒙版，用"画笔工具" ✏适当涂抹矩形部分，效果如图7-210所示。绘制完成后的效果如图7-211所示。

图7-209

图7-210

图7-211

06 用"钢笔工具" ✒在按钮侧面的右侧绘制一个形状，作为反光，效果如图7-212所示。绘制完成后的整体效果如图7-213所示。

⟨ **Tips** ⟩

在绘制开盖按钮的右侧反光时，由于它属于背光面，因此效果不会那么明显，有一定的反光感觉即可。

图7-212

图7-213

07 绘制开盖按钮上面和侧面的转折线效果。用"钢笔工具" ✒沿着按钮上面和侧面的转折线上绘制一个形状，效果如图7-214所示。执行"窗口/属性"菜单命令，在"属性"面板中调整"羽化"值，效果如图7-215所示。绘制完成后的整体效果如图7-216所示。

图7-214

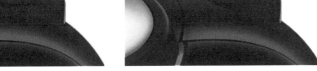

图7-215

图7-216

08 绘制开盖按钮上的凹槽效果。用"钢笔工具" ✎ 在按钮的上方偏右处绘制一个形状，效果如图7-217所示。执行"窗口/属性"菜单命令，在"属性"面板中调整"羽化"值，效果如图7-218所示。将该图层的"混合模式"设为"柔光"，效果如图7-219所示。绘制完成后的整体效果如图7-220所示。

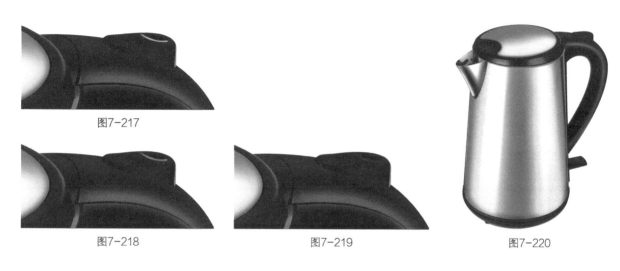

图7-217

图7-218　　　　图7-219　　　　图7-220

7.4.7　添加开盖按钮和壶把的细节

01 用"钢笔工具" ✎ 在开盖按钮上面与侧面的转折线上绘制一个形状，作为转折线的效果，如图7-221所示，整体效果如图7-222所示。

02 用"钢笔工具" ✎ 在壶把的底部区域并靠近内侧的位置绘制一个形状，作为反光，效果如图7-223所示。执行"窗口/属性"菜单命令，在"属性"面板中调整"羽化"值，绘制完成后的整体效果如图7-224所示。

图7-221

图7-222　　　　图7-223　　　　图7-224

7.4.8 绘制加热开关上的光影

01 从亮部效果开始绘制。用"钢笔工具" ✎ 在加热开关的上方绘制一个形状，效果如图7-225所示。执行"窗口/属性"菜单命令，在"属性"面板中调整"羽化"值，效果如图7-226所示。绘制完成后的整体效果如图7-227所示。

图7-225   图7-226   图7-227

02 绘制暗部效果。用"钢笔工具" ✎ 在加热开关的侧面绘制一个形状，效果如图7-228所示。执行"窗口/属性"菜单命令，在"属性"面板中调整"羽化"值，效果如图7-229所示。绘制完成后的整体效果如图7-230所示。

图7-228   图7-229   图7-230

03 绘制侧面的亮部效果。用"钢笔工具" ✎ 在侧面的中间区域绘制一个形状，效果如图7-231所示。执行"窗口/属性"菜单命令，在"属性"面板中调整"羽化"值，效果如图7-232所示。绘制完成后的整体效果如图7-233所示。

图7-231   图7-232   图7-233

04 加深侧面的阴影。用"钢笔工具" 在侧面靠近转折面的位置绘制一个形状，效果如图7-234所示。执行"窗口/属性"菜单命令，在"属性"面板中调整"羽化"值，效果如图7-235所示。绘制完成后的整体效果如图7-236所示。

图7-234 　　　　　　　　　　图7-235 　　　　　　　　　　图7-236

05 此时发现加热开关上方的亮部还不够亮，需要加强。用"钢笔工具" 在加热开关的上方绘制一个形状，效果如图7-237所示。执行"窗口/属性"菜单命令，在"属性"面板中调整"羽化"值，效果如图7-238所示，整体效果如图7-239所示。

图7-237 　　　　　　　　　　图7-238 　　　　　　　　　　图7-239

06 绘制侧面靠近底部区域的暗部效果。用"钢笔工具" 在侧面靠近底部的区域绘制一个形状，效果如图7-240所示。执行"窗口/属性"菜单命令，在"属性"面板中调整"羽化"值，效果如图7-241所示。绘制完成后的整体效果如图7-242所示。

图7-240 　　　　　　　　　　图7-241 　　　　　　　　　　图7-242

7.4.9 绘制壶底的光影

01 用"钢笔工具" 沿着底部的凹槽区域绘制一个形状，作为凹槽线，局部效果如图7-243所示，整体效果如图7-244所示。

02 用"钢笔工具" 在辅光面的右侧即靠近壶底右侧的边缘绘制一个形状，作为凹槽辅光面右侧的暗部，局部效果如图7-245所示，整体效果如图7-246所示。

图7-243 　　　图7-244 　　　图7-245 　　　图7-246

03 绘制主光面的效果。用"钢笔工具" 在壶底的左侧绘制一个形状，效果如图7-247所示。执行"窗口/属性"菜单命令，在"属性"面板中调整"羽化"值，效果如图7-248所示。绘制完成后的整体效果如图7-249所示。

图7-247 　　　　　　图7-248 　　　　　　图7-249

04 绘制辅光面的效果。用"钢笔工具" 在壶底的右侧绘制一个形状，效果如图7-250所示。执行"窗口/属性"菜单命令，在"属性"面板中调整"羽化"值，效果如图7-251所示。绘制完成后的整体效果如图7-252所示。

图7-250 　　　　　　图7-251 　　　　　　图7-252

05 添加辅光面的光影细节。用"钢笔工具" ✍ 在壶底的右侧靠近中间区域的凹槽线处绘制一个形状，局部效果如图7-253所示，整体效果如图7-254所示。

Tips

　　该区域的绘制有利于将产品的细节表现得更加充分。绘制时需要注意过渡自然，不必太明显，适当即可。

图7-253

图7-254

06 在壶底左侧靠近底面的位置绘制一个反光。用"钢笔工具" ✍ 在壶底左侧靠近底面的位置绘制一个形状，效果如图7-255所示。执行"窗口/属性"菜单命令，在"属性"面板中调整"羽化"值，效果如图7-256所示。接着添加图层蒙版，用"画笔工具" ✍ 涂抹形状的两端，效果如图7-257所示。绘制完成后的整体效果如图7-258所示。

图7-255

图7-256

图7-257

图7-258

07 在壶底右侧靠近底面的位置绘制一个反光。用"钢笔工具" ✍ 在壶底右侧靠近底面的位置绘制一个形状，效果如图7-259所示。执行"窗口/属性"菜单命令，在"属性"面板中调整"羽化"值，效果如图7-260所示。绘制完成后的整体效果如图7-261所示。

图7-259

图7-260

图7-261

7.4.10　添加整体的细节

　　将壶盖与壶身衔接处整体调亮。用"钢笔工具" 在该处绘制一个形状，效果如图7-262所示。将凹槽线靠近壶把的位置加深，以强调亮部。添加图层蒙版，使用"画笔工具" 对靠近壶把的部分进行涂抹处理，效果如图7-263所示。最终完成后的效果如图7-264所示。

图7-262

图7-263

图7-264

小结

　　（1）针对亮面金属类的产品光影表现来说，当光投向该类产品时，产品表面显光滑，光源模糊程度较小，明暗过渡明显，光源反射较强。在修图过程中应特别注意光影层次感的表现，以确保产品效果的真实与自然。

　　（2）电器类产品的结构往往较复杂，细节较多，因此在修图中应特别注意。

第8章

金属产品的绘制修图技法

本次修图相对其他章节所讲解的修图技法来说较为特殊，运用了"绘制修图"方式。修图对象为一款金属材质的戒指产品，产品结构较复杂，凹陷结构较多，光源模糊程度较小，明暗过渡明显，反射较强。在修图过程中，应特别注意光影层次感的强化与表现，同时针对细节，尤其是钻石镶嵌结构处的光影处理极为重要。在绘制过程中同样需保证产品效果的真实性和自然性。

◎ 形体结构的把握　　◎ 光影细节的修饰与处理
◎ 光影层次感的表现　◎ 钻石素材的运用与处理

8.1 产品分析

戒指是产品修图中结构较为复杂的产品，大体可划分为戒指左圈、戒指右圈、戒指内圈、戒指外圈和戒指顶部五大部分，如图8-1所示。

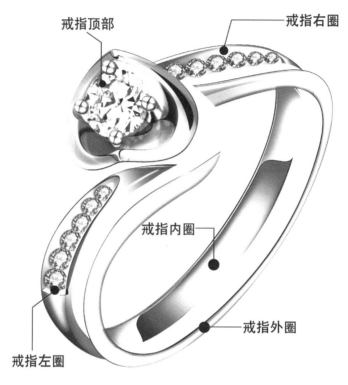

图8-1

本产品由金属材质制成，为单侧光拍摄。当光投向本产品时，反射强烈，深色到浅色过渡距离较短，明暗反差较大，如图8-2所示。

图8-2

┌ Tips ┐
　材质往往直接决定了产品光影的表现与效果，因而对产品材质的认识在产品修图中是极为重要的，大家应多加重视。

8.2 修图要点

　　仔细观察原图会发现，这个戒指产品的每个部分的凹凸面都极多，且装饰细节也较多。在修图前务必先观察清楚戒指的各个结构，以及每个部分所包含的凹凸面等细节上的一些结构情况。细致分析之后，再进行绘制修图。修图前后的对比效果如图8-3所示。

　　针对本次的产品绘制修图，着重需要注意以下几点。

　　★　形体准确。在绘制基本形的时候，注意透视关系的调整，形体结构要把握到位。

　　★　颜色协调统一。填充颜色的时候，注意前后颜色要协调一致，避免过深或过浅。在前期对局部颜色把握不准的情况下，可先填充一个大致的颜色，等到整体都绘制完之后，再进行微调。

　　★　效果自然。在绘制过程中，注意"羽化工具"和"图层蒙版"的使用，确保绘制出的效果柔和、自然。

　　★　细节处理合适到位。在整体绘制完成之后，注意对产品整体细节的处理。对于光影层次的营造，可用少量多次的形式进行处理，避免效果太过生硬。

修图后

修图前

图8-3

8.3 核心步骤

- 绘制戒指的基本形。用"钢笔工具" ✐ 绘制戒指的内圈结构，然后绘制戒指的外圈结构，接着绘制戒指的左圈结构和右圈结构，最后绘制戒指顶部的装饰结构，效果如图8-4所示。绘制时，注意透视关系的调整与处理，要确保绘制出的产品结构准确、到位。

- 绘制戒指内圈的光影。用"钢笔工具" ✐ 绘制内圈上、下部分的阴影，然后绘制出内圈中部凹陷部位的光影，最后绘制边缘线，强调立体感，效果如图8-5所示。绘制时，注意图层蒙版的使用和羽化值的调整，要确保绘制出的效果真实、自然。

- 绘制戒指外圈的光影。用"钢笔工具" ✐ 绘制光影层次效果，然后绘制边缘线，强调立体感，效果如图8-6所示。绘制时，注意图层蒙版的使用和羽化值的调整，要确保绘制出的效果真实、自然。

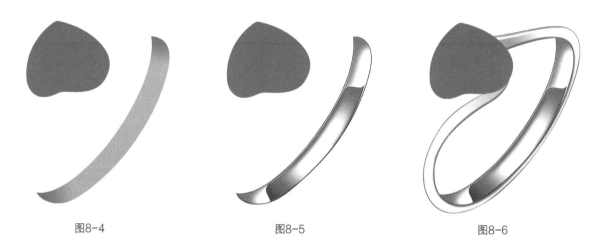

图8-4   图8-5   图8-6

- 绘制戒指左圈的光影。用"钢笔工具" ✐ 绘制左圈下半部分的光影，然后绘制左圈上半部分的光影，效果如图8-7所示。绘制时，注意下半部分的阴影要深一些，上半部分的阴影要浅一些。最后绘制左圈凹槽部分的光影。绘制时，注意光影层次的表现与处理，效果如图8-8所示，整体效果如图8-9所示。

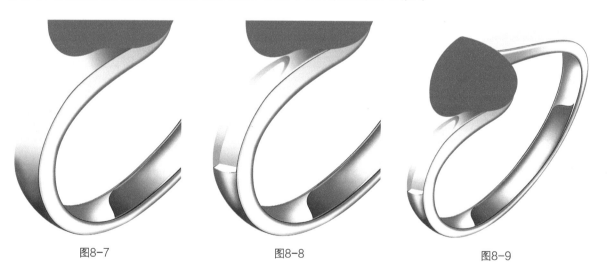

图8-7   图8-8   图8-9

- 绘制戒指右圈的光影。用"钢笔工具" 绘制戒指右圈的阴影和高光，然后绘制边缘线，最后添加光影细节，增强光影的层次感，效果如图8-10和图8-11所示。绘制时，注意图层蒙版的使用和羽化值的调整，要确保绘制出的效果真实、自然。

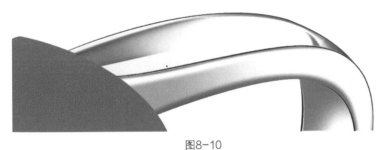

图8-10 图8-11

- 绘制戒指顶部外轮廓的光影。用"钢笔工具" 绘制的效果如图8-12所示。然后结合使用"椭圆工具"绘制戒指顶部凹槽部分的效果，效果如图8-13所示。接着绘制钻托，并添加光影细节，效果如图8-14所示。最后添加钻石素材，并完善凹槽细节，效果如图8-15所示。整体效果如图8-16所示。
- 添加整体细节。用"钢笔工具" 给整体添加一些光影细节，然后绘制边缘线，强调立体感，最后添加左、右圈的钻石素材，并完善光影细节。完成绘制，整体效果如图8-17所示。

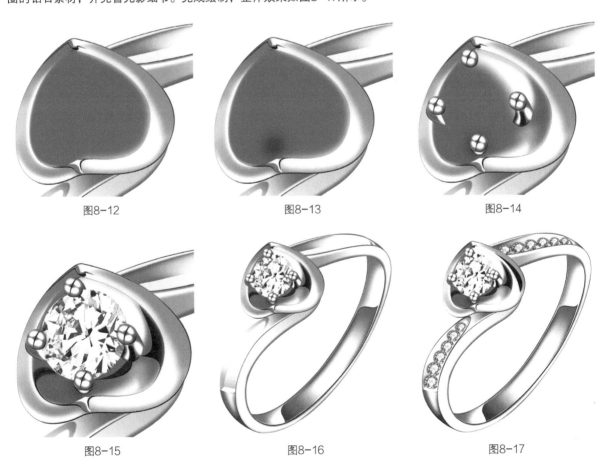

图8-12 图8-13 图8-14

图8-15 图8-16 图8-17

8.4 修图过程

实例位置	学习资源>CH08>金属产品的绘制修图技法.psd
视频位置	视频>CH08>金属产品的绘制修图技法.mp4

8.4.1 绘制戒指的基本形

01 用"钢笔工具" ✎ 绘制出戒指的内圈结构，并填充合适的颜色，效果如图8-18所示。

02 绘制出戒指的外圈结构，并填充比上一步亮一些的颜色，效果如图8-19所示。

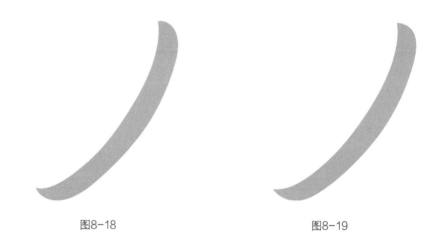

图8-18　　　　　　　　　　　　　　图8-19

03 绘制出戒指的左圈结构，并填充比外圈结构更深一些的颜色，效果如图8-20所示。

04 绘制出戒指的右圈结构，并填充比左圈结构更深一些的颜色，效果如图8-21所示。

05 绘制出戒指顶部的装饰结构，并将颜色填充为比之前的都深一些的颜色。将所有图层建组，并进行重命名处理，效果如图8-22所示。

图8-20　　　　　　　　　　图8-21　　　　　　　　　　图8-22

8.4.2　绘制戒指内圈的光影

01　绘制内圈上方的阴影。用"钢笔工具" 在内圈的上方绘制一个形状，如图8-23所示。添加图层蒙版，并使用"画笔工具" 适当涂抹形状的边缘，效果如图8-24所示。

02　绘制内圈下方的阴影。用"钢笔工具" 在内圈的下方绘制一个形状，如图8-25所示。添加图层蒙版，并使用"画笔工具" 适当涂抹形状的边缘，效果如图8-26所示。

图8-23　　　　　　　　　　图8-24　　　　　　　　　　图8-25　　　　　　　　　　图8-26

03　绘制内圈外缘的高光。用"钢笔工具" 沿着内圈外缘绘制一个形状，并填充白色，作为高光，效果如图8-27所示。在菜单栏中执行"窗口/属性"命令，在"属性"面板中调整"羽化"值，效果如图8-28所示。

04　绘制内圈凹陷部位下半部分的阴影。用"钢笔工具" 在戒指内圈偏下的位置绘制一个形状，如图8-29所示。添加图层蒙版，使用"画笔工具" 着重涂抹形状的上端，得到图8-30所示的效果。

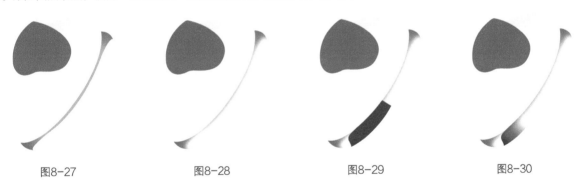

图8-27　　　　　　　　　　图8-28　　　　　　　　　　图8-29　　　　　　　　　　图8-30

05　给内圈凹陷部位添加描边。单击"添加图层样式"按钮 ，选择"描边"选项，将描边的大小设置为6像素，"图层样式"对话框如图8-31所示。设置完成后，得到图8-32所示的效果。

图8-31　　　　　　　　　　　　　　　　　图8-32

06 绘制内圈凹陷部位上半部分的阴影。将上一步绘制好的描边效果复制一份，并做"水平翻转"处理，将其置于内圈的上方位置，去掉图层蒙版，效果如图8-33所示。再次添加图层蒙版，并用"画笔工具" ✏️ 着重涂抹形状的下端，得到图8-34所示的效果。

07 加强内圈凹陷部位的阴影层次。用"钢笔工具" ✒️ 在内圈绘制一个颜色较深的形状，效果如图8-35所示。添加图层蒙版，用"画笔工具" ✏️ 涂抹掉形状里不需要的部分，得到图8-36所示的效果。

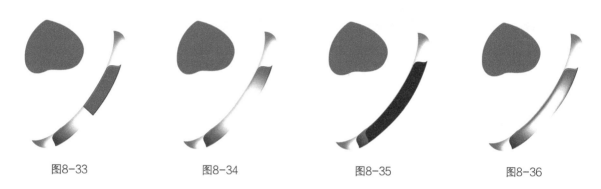

图8-33　　　　　　　图8-34　　　　　　　图8-35　　　　　　　图8-36

08 用"钢笔工具" ✒️ 在戒指内圈的内侧边缘绘制一条边，并填充白色，作为高光，效果如图8-37所示。将绘制好的边复制一个出来，将其颜色填充为较深一些的颜色，并向内侧边缘适当移动，作为边缘线，效果如图8-38所示。

09 将上一步绘制好的效果复制出第2个，并填充黑色，将其置于内圈内侧的边缘处，以加强边缘光影的层次感，效果如图8-39所示。此时发现细节还不够，继续用"钢笔工具" ✒️ 沿着内圈内侧的边缘绘制出一条边，并将其颜色填充为白色，作为反光，效果如图8-40所示。

图8-37　　　　　　　图8-38　　　　　　　图8-39　　　　　　　图8-40

10 绘制戒指内圈外侧的边缘效果。用"钢笔工具" ✒️ 在内圈外侧的边缘绘制一条边，并填充白色，作为高光，效果如图8-41所示。在内圈外侧的边缘绘制另外一条边，并填充黑色，作为边缘线，效果如图8-42所示。

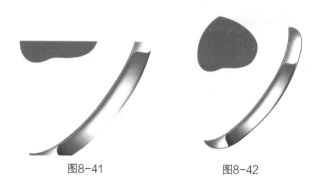

图8-41　　　　　　　图8-42

8.4.3　绘制戒指外圈的光影

01 绘制外圈上部左侧的阴影。用"钢笔工具" ✐在外圈上方左侧位置绘制一个形状，并填充合适的颜色，如图8-43所示。添加图层蒙版，并用"画笔工具" ✐着重对形状的左端进行适当涂抹，得到图8-44所示的效果。

02 绘制外圈上部右侧的阴影。用"钢笔工具" ✐在外圈上方右侧绘制一个形状，如图8-45所示。添加图层蒙版，并用"画笔工具" ✐着重对形状的右端进行涂抹，得到图8-46所示的效果。

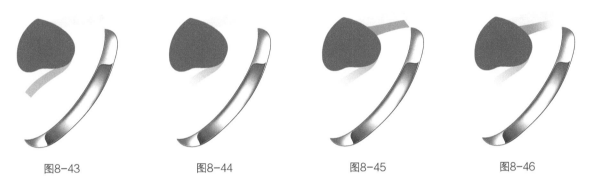

图8-43　　　　　　　　图8-44　　　　　　　　图8-45　　　　　　　　图8-46

03 绘制外圈上部右侧边缘的高光。用"钢笔工具" ✐在外圈右侧的边缘处绘制一个形状，并填充白色，效果如图8-47所示。在菜单栏中执行"窗口/属性"命令，在"属性"面板中调整"羽化"值，得到图8-48所示的效果。

04 在外圈上部右侧绘制一条边缘线。用"钢笔工具" ✐在上一步绘制好的高光处绘制一条边，如图8-49所示。在菜单栏中执行"窗口/属性"命令，在"属性"面板中调整"羽化"值，得到图8-50所示的效果。

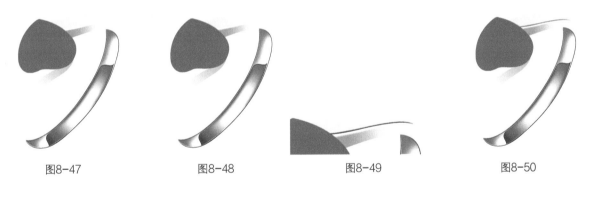

图8-47　　　　　　　　图8-48　　　　　　　　图8-49　　　　　　　　图8-50

05 在外圈上部的右侧边缘绘制一条反光。用"钢笔工具" ✐在上一步绘制好的边缘线内侧绘制一个形状，并将其颜色填充为白色，如图8-51所示。在菜单栏中执行"窗口/属性"命令，在"属性"面板中调整"羽化"值，得到图8-52所示的效果。

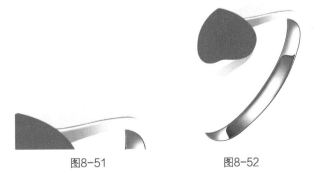

图8-51　　　　　　　　图8-52

06 沿着外圈外侧绘制一条边缘线。用"钢笔工具" 沿着戒指外圈的外侧绘制一条边缘线，效果如图8-53所示。在菜单栏中执行"窗口/属性"命令，在"属性"面板中调整"羽化"值，得到图8-54所示的效果。

07 此时发现上一步绘制好的边缘线颜色过重。添加图层蒙版，用"画笔工具" ✏️对边缘线两端进行适当涂抹处理，得到图8-55所示的效果。

图8-53

图8-54

图8-55

08 加强边缘线的层次感。沿着外圈外侧边缘绘制一条硬朗的黑边，效果如图8-56所示。添加图层蒙版，使用"画笔工具" ✏️对黑边进行涂抹处理，效果如图8-57所示。

09 加强外圈内侧的边缘线效果。用"钢笔工具" ✏️沿着外圈内侧的边缘绘制一条边缘线，如图8-58所示。在菜单栏中执行"窗口/属性"命令，在"属性"面板中调整"羽化"值，得到图8-59所示的效果。

图8-56

图8-57

图8-58

图8-59

8.4.4 绘制戒指左圈的光影

01 绘制左圈底部的阴影。用"钢笔工具" ✐ 在左圈底部绘制一个形状，并填充合适的颜色，效果如图8-60所示。添加图层蒙版，使用"画笔工具" ✐ 对形状进行涂抹处理，效果如图8-61所示，整体效果如图8-62所示。

图8-60　　　　　　　　　　　图8-61　　　　　　　　　　　图8-62

02 加强阴影的层次感。在上一步绘制好的阴影处绘制一个形状，并填充比之前阴影更深一些的颜色，效果如图8-63所示。在菜单栏中执行"窗口/属性"命令，在"属性"面板中调整"羽化"值，效果如图8-64所示，整体效果如图8-65所示。

图8-63　　　　　　　　　　　图8-64　　　　　　　　　　　图8-65

03 绘制左圈顶部的阴影。用"钢笔工具" ✐ 在左圈顶部绘制一个形状，如图8-66所示。添加图层蒙版，用"画笔工具" ✐ 对形状的边缘进行适当涂抹处理，效果如图8-67所示，整体效果如图8-68所示。

图8-66　　　　　　　　　　　图8-67　　　　　　　　　　　图8-68

04 仔细观察原图，可以发现戒指左边内侧区域有一个镶钻的凹槽部分，这一步需要将它绘制出来。用"钢笔工具" ✐在左边内侧的边缘绘制一个形状，如图8-69所示。添加图层蒙版，使用"画笔工具" ✎对形状进行涂抹处理，效果如图8-70所示所示，整体效果如图8-71所示。

图8-69   图8-70   图8-71

05 新建图层，继续添加图层蒙版，用"画笔工具" ✎对凹槽形状继续进行涂抹，直至在凹槽区域呈现出一定的高光效果，如图8-72和图8-73所示。

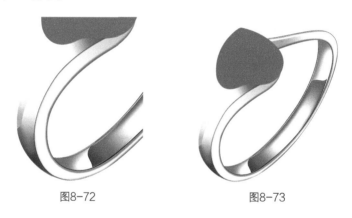

图8-72   图8-73

06 给左圈靠近底部的位置添加一些反光。用"钢笔工具" ✐在左圈底部绘制一个形状，并填充比底部阴影亮一些的颜色，效果如图8-74所示。在菜单栏中执行"窗口/属性"命令，在"属性"面板中调整"羽化"值，效果如图8-75所示，整体效果如图8-76所示。

图8-74   图8-75   图8-76

07 绘制凹槽的横切面效果。用"钢笔工具" ✐ 在左圈凹槽的下方绘制一个形状，并填充白色，作为横切面，效果如图8-77和图8-78所示。

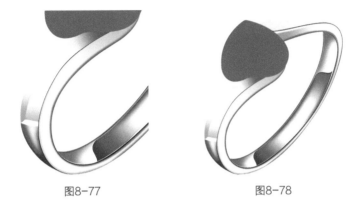

图8-77   图8-78

08 绘制凹槽上方的阴影。用"钢笔工具" ✐ 在凹槽上方绘制一个形状，如图8-79所示。添加图层蒙版，用"画笔工具" ✐ 对形状进行适当涂抹，效果如图8-80所示，整体效果如图8-81所示。

图8-79   图8-80   图8-81

09 仔细观察原图可知，在凹槽的边缘处实际上是不受光的，这里需要将它表现出来。用"钢笔工具" ✐ 在凹槽的边缘处绘制一个如图8-82所示的形状，作为凹槽边缘的阴影效果。

10 绘制左圈顶部边缘上的高光。用"钢笔工具" ✐ 在左圈顶部的边缘处绘制一个形状，并填充白色，作为高光，效果如图8-83所示。在菜单栏中执行"窗口/属性"命令，在"属性"面板中调整"羽化"值，效果如图8-84所示，整体效果如图8-85所示。

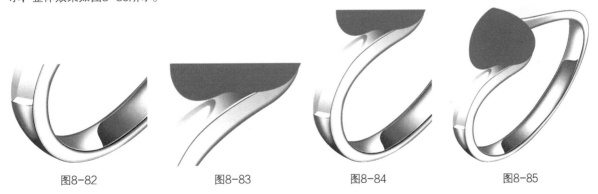

图8-82   图8-83   图8-84   图8-85

8.4.5 绘制戒指右圈的光影

01 从右圈顶部的光影开始绘制，用"钢笔工具"  在右圈顶部绘制一个形状，并填充较深一些的颜色，效果如图8-86所示。添加图层蒙版，用"画笔工具" 着重对形状的右端进行涂抹，效果如图8-87所示，整体效果如图8-88所示。

图8-86

图8-87

图8-88

02 单击"添加图层样式"按钮 fx.，选择"内阴影"选项，"图层样式"对话框如图8-89所示。将上一步绘制好的阴影做进一步调整，完成操作后，得到图8-90和图8-91所示的效果。

图8-89

图8-90

图8-91

03 绘制右圈顶部的高光。用"钢笔工具" 在右圈顶部绘制一个形状，如图8-92所示。在菜单栏中执行"窗口/属性"命令，在"属性"面板中调整"羽化"值，效果如图8-93所示。添加图层蒙版，用"画笔工具" 对形状进行适当涂抹处理，效果如图8-94所示，整体效果如图8-95所示。

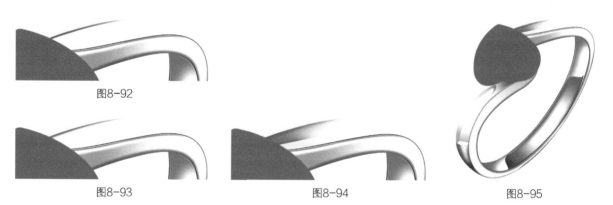

图8-92

图8-93

图8-94

图8-95

04 绘制右圈顶部内侧的阴影。用"钢笔工具" ✐ 在右圈顶部内侧绘制一条黑边,效果如图8-96所示。在菜单栏中执行"窗口/属性"命令,在"属性"面板中调整"羽化"值,效果如图8-97所示。添加图层蒙版,用"画笔工具" ✐ 对形状进行适当涂抹处理,效果如图8-98所示,整体效果如图8-99所示。

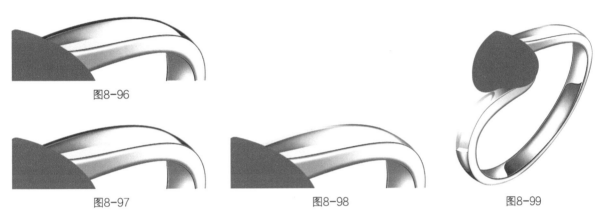

图8-96

图8-97

图8-98

图8-99

05 用"钢笔工具" ✐ 沿着右圈顶部边缘绘制一条黑边,效果如图8-100和图8-101所示。

> **Tips**
>
> 对于转折较大、光影反差较明显的区域,黑边的绘制起到至关重要的作用。它可以勾勒产品的轮廓形状,使产品轮廓表现得更为清晰,让产品形态显得自然、立体。

图8-100

图8-101

06 加强右圈顶部边缘内侧的阴影层次感。用"钢笔工具" ✐ 沿着右圈顶部内侧的边缘绘制一个形状,并填充比阴影浅一些的颜色,效果如图8-102所示。在菜单栏中执行"窗口/属性"命令,在"属性"面板中调整"羽化"值,效果如图8-103所示,整体效果如图8-104所示。

图8-102

图8-103

图8-104

07 用"钢笔工具" 沿着右圈顶部内侧的边缘绘制一个高光形状，效果如图8-105和图8-106所示。

图8-105

图8-106

08 继续上一步绘制好的高光，用"钢笔工具" 沿着高光内侧绘制一个阴影形状，效果如图8-107所示。在菜单栏中执行"窗口/属性"命令，在"属性"面板中调整"羽化"值，效果如图8-108所示，整体效果如图8-109所示。

图8-107

图8-108

图8-109

09 在上一步绘制好的阴影旁边继续绘制一个高光形状，效果如图8-110所示。在菜单栏中执行"窗口/属性"命令，在"属性"面板中调整"羽化"值，效果如图8-111所示，整体效果如图8-112所示。

图8-110

图8-111

图8-112

10 用"钢笔工具" 在右圈最右侧的边缘处绘制一个阴影形状，效果如图8-113所示。将该图层的"混合模式"设为"正片叠底"，得到图8-114所示的效果。

图8-113

图8-114

11 在"属性"面板中调整阴影形状的羽化值。添加图层蒙版，用"画笔工具" ✎ 涂抹掉形状中硬朗的边，得到图8-115和图8-116所示的效果。

图8-115　　　　　　　　　　　　图8-116

8.4.6　绘制戒指顶部的光影

▪ 绘制戒指顶部的外轮廓效果

01 仔细观察戒指顶部，会发现它是有一定厚度的。用"钢笔工具" ✎ 依照戒指顶部的结构和轮廓绘制一个形状，并将颜色填充为深灰色，效果如图8-117所示。

02 为顶部外轮廓制造一些光影效果，这里从顶部轮廓的第1个阴影开始绘制。用"钢笔工具" ✎ 绘制出如图8-118所示的形状。添加图层蒙版，用"画笔工具" ✎ 着重对形状的下端进行涂抹处理，效果如图8-119所示，整体效果如图8-120所示。

图8-117　　　　　　图8-118　　　　　　图8-119　　　　　　图8-120

03 绘制顶部轮廓上的高光，这里从第1个高光开始绘制。用"钢笔工具" ✎ 沿着顶部轮廓内侧绘制一个如图8-121所示的形状。在菜单栏中执行"窗口/属性"命令，在"属性"面板中调整"羽化"值，效果如图8-122所示，整体效果如图8-123所示。

图8-121　　　　　　图8-122　　　　　　图8-123

04 用"钢笔工具" 🖋沿着顶部轮廓外侧绘制第2个高光形状，如图8-124所示。在菜单栏中执行"窗口/属性"命令，在"属性"面板中调整"羽化"值，效果如图8-125所示，整体效果如图8-126所示。

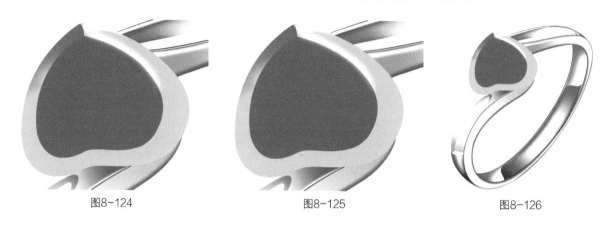

图8-124　　　　　　　　　　图8-125　　　　　　　　　　图8-126

05 用"钢笔工具" 🖋沿着顶部外轮廓的右侧绘制第2个阴影形状，如图8-127所示。在菜单栏中执行"窗口/属性"命令，在"属性"面板中调整"羽化"值，效果如图8-128所示，整体效果如图8-129所示。

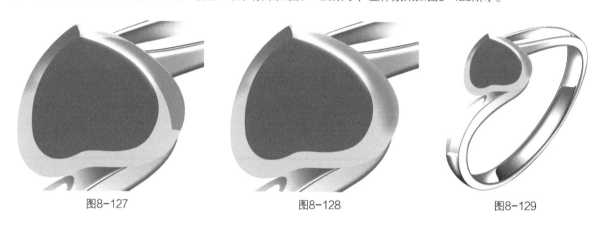

图8-127　　　　　　　　　　图8-128　　　　　　　　　　图8-129

06 用"钢笔工具" 🖋沿着顶部外轮廓的左侧绘制第3个高光形状，效果如图8-130所示。在菜单栏中执行"窗口/属性"命令，在"属性"面板中调整"羽化"值，效果如图8-131所示，整体效果如图8-132所示。

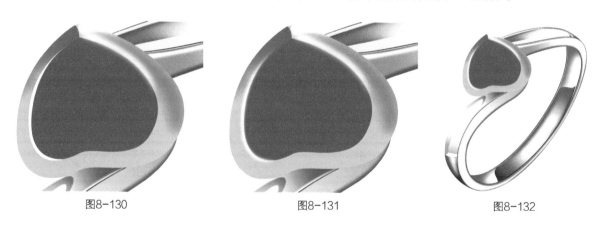

图8-130　　　　　　　　　　图8-131　　　　　　　　　　图8-132

07 用"钢笔工具" 📷 沿着顶部轮廓的左侧绘制第3个阴影形状，效果如图8-133所示。添加图层蒙版，用"画笔工具" 📷 对形状进行适当涂抹，效果如图8-134所示，整体效果如图8-135所示。

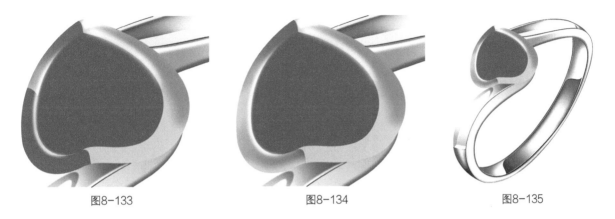

图8-133   图8-134   图8-135

08 用"钢笔工具" 📷 沿着顶部轮廓的下方绘制第4个阴影形状，效果如图8-136所示。在菜单栏中执行"窗口/属性"命令，在"属性"面板中调整"羽化"值，效果如图8-137所示，整体效果如图8-138所示。

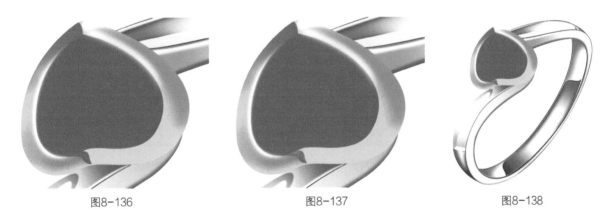

图8-136   图8-137   图8-138

09 用"钢笔工具" 📷 沿着第4个阴影的边缘添加一条黑边，强调出立体感，如图8-139和图8-140所示。

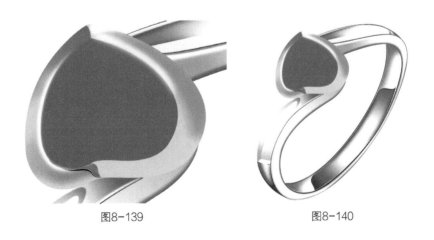

图8-139   图8-140

10 用"钢笔工具" [笔]沿着顶部轮廓的下方绘制第4个高光形状，并将其颜色填充为白色，如图8-141所示。在菜单栏中执行"窗口/属性"命令，在"属性"面板中调整"羽化"值，效果如图8-142所示，整体效果如图8-143所示。

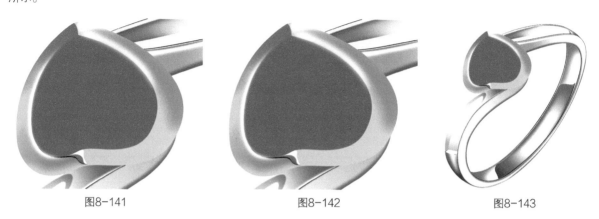

图8-141 图8-142 图8-143

11 用"钢笔工具" [笔]紧挨着第4个高光的边缘绘制一个较小的阴影，并进行羽化处理。沿着阴影和高光边缘绘制出另一条黑边，将其立体感完整塑造出来，效果如图8-144和图8-145所示。

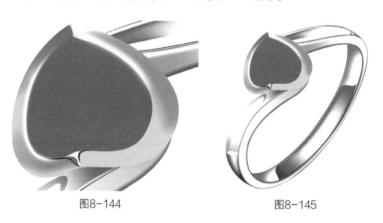

图8-144 图8-145

12 用"钢笔工具" [笔]在顶部外轮廓的右下方位置绘制第5个阴影形状，效果如图8-146所示。在菜单栏中执行"窗口/属性"命令，在"属性"面板中调整"羽化"值，效果如图8-147所示，整体效果如图8-148所示。

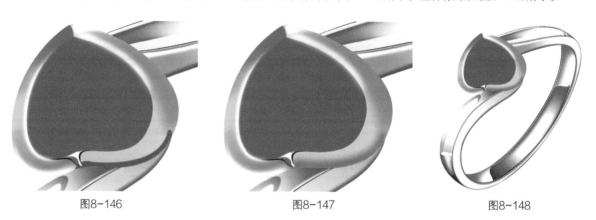

图8-146 图8-147 图8-148

13 用"钢笔工具" 在顶部外轮廓右侧绘制第5个高光形状，效果如图8-149所示。在菜单栏中执行"窗口/属性"命令，在"属性"面板中调整"羽化"值，效果如图8-150所示，整体效果如图8-151所示。

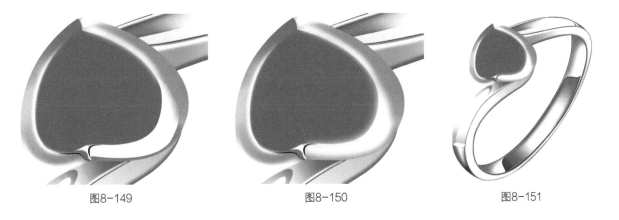

图8-149　　　　　　　　　　图8-150　　　　　　　　　　图8-151

14 用"钢笔工具" 在戒指顶部的上方绘制如图8-152所示的阴影形状。添加图层蒙版，用"画笔工具" 着重对形状的右端进行涂抹，效果如图8-153所示，整体效果如图8-154所示。

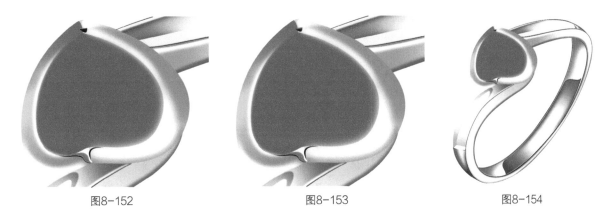

图8-152　　　　　　　　　　图8-153　　　　　　　　　　图8-154

15 紧挨着上一步绘制好的阴影用"钢笔工具" 继续绘制一个阴影形状，效果如图8-155和图8-156所示。

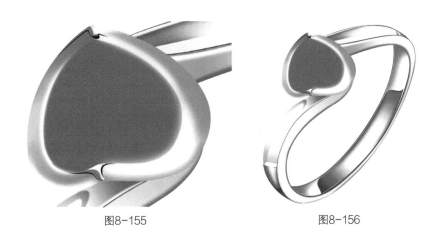

图8-155　　　　　　　　　　图8-156

16 用"钢笔工具" ![钢笔] 沿着顶部的外轮廓外侧绘制一条较粗的黑边，效果如图8-157所示。在顶部外轮廓内侧绘制一条较细的黑边，效果如图8-158所示，整体效果如图8-159所示。

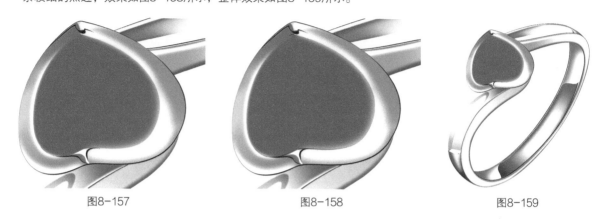

图8-157　　　　　　　　　　　　图8-158　　　　　　　　　　　　图8-159

■　**绘制戒指顶部的凹槽效果**

01 在绘制前，要注意戒指顶部的凹槽是凹凸不平的，所以应该带有一些适当的光影效果。从阴影部分开始绘制，用"椭圆工具" ![椭圆] 在顶部的凹槽区域绘制一个椭圆，效果如图8-160所示。在菜单栏中执行"窗口/属性"命令，在"属性"面板中调整"羽化"值，效果如图8-161所示，整体效果如图8-162所示。

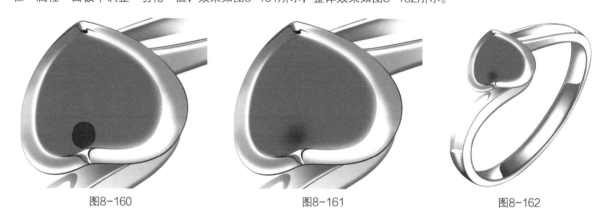

图8-160　　　　　　　　　　　　图8-161　　　　　　　　　　　　图8-162

02 绘制出凹槽中的亮部效果。用"钢笔工具" ![钢笔] 在凹槽的右侧绘制如图8-163所示的形状。在菜单栏中执行"窗口/属性"命令，在"属性"面板中调整"羽化"值，效果如图8-164所示，整体效果如图8-165所示。

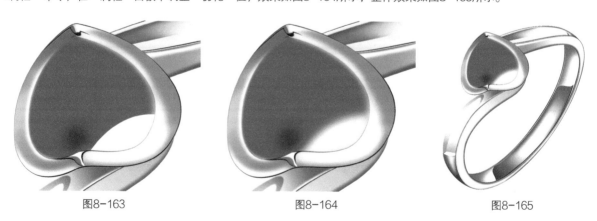

图8-163　　　　　　　　　　　　图8-164　　　　　　　　　　　　图8-165

03 此时发现亮部的区域有点偏大，需要调整一下。添加图层蒙版，用"画笔工具" 涂抹掉亮部靠中间区域的部分，效果如图8-166所示，整体效果如图8-167所示。

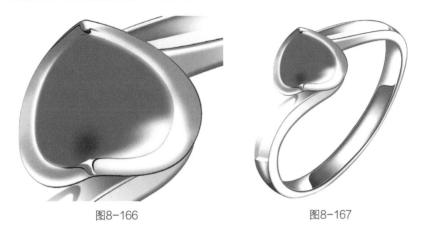

图8-166　　　　　　　　　　　　　　　图8-167

04 用"钢笔工具" 在凹槽的上方区域绘制一个如图8-168所示的形状。在菜单栏中执行"窗口/属性"命令，在"属性"面板中调整"羽化"值，效果如图8-169所示，整体效果如图8-170所示。

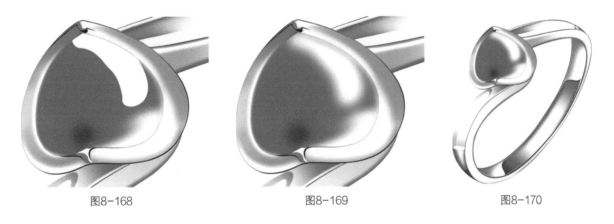

图8-168　　　　　　　　图8-169　　　　　　　　图8-170

05 用"钢笔工具" 沿着顶部凹槽右侧绘制一个阴影形状，效果如图8-171所示。在菜单栏中执行"窗口/属性"命令，在"属性"面板中调整"羽化"值，效果如图8-172所示，整体效果如图8-173所示。

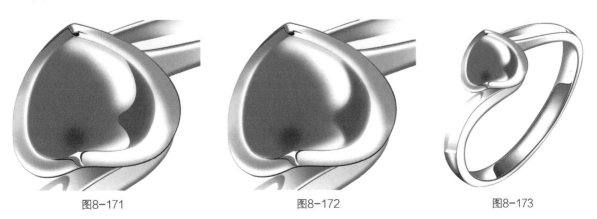

图8-171　　　　　　　　图8-172　　　　　　　　图8-173

06 添加图层蒙版，用"画笔工具" 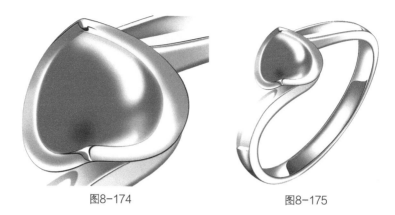 涂抹掉阴影靠中心的部分，得到图8-174和图8-175所示的效果。

图8-174　　　　　　　　　　　　图8-175

■　**绘制钻托并添加细节**

01 绘制左侧的钻托。用"钢笔工具" 在内轮廓的左侧绘制一个如图8-176所示的形状。接着绘制一个如图8-177所示的形状。在菜单栏中执行"窗口/属性"命令，在"属性"面板中调整"羽化"值，效果如图8-178所示，整体效果如图8-179所示。

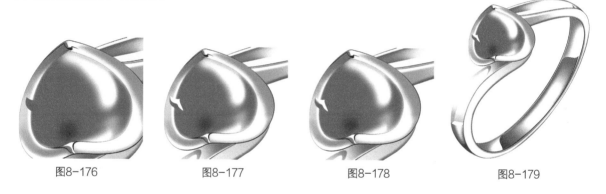

图8-176　　　　　　图8-177　　　　　　图8-178　　　　　　图8-179

02 绘制钻托的细节，并表现出一定的厚度效果。用"钢笔工具" 在钻托的边缘处绘制一个如图8-180所示的形状。在菜单栏中执行"窗口/属性"命令，在"属性"面板中调整"羽化"值，效果如图8-181所示，整体效果如图8-182所示。

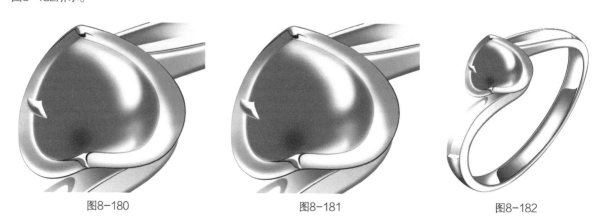

图8-180　　　　　　　　　　图8-181　　　　　　　　　图8-182

03 继续加强钻托的厚度感。用"钢笔工具" 🖊在钻托的底部绘制一个如图8-183所示的形状。在菜单栏中执行"窗口/属性"命令，在"属性"面板中调整"羽化"值，效果如图8-184所示。整体效果如图8-185所示。

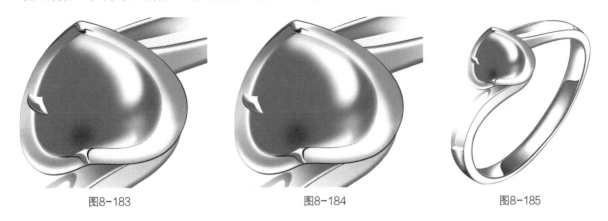

图8-183　　　　　　　　　　图8-184　　　　　　　　　　图8-185

04 将左侧的钻托绘制好之后，绘制右侧的钻托。用"钢笔工具" 🖊在内轮廓的右侧绘制一个阴影形状，效果如图8-186和图8-187所示。

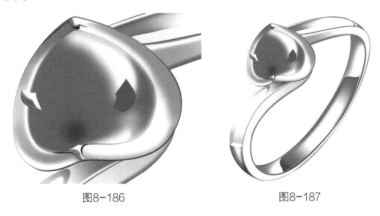

图8-186　　　　　　　　　　图8-187

05 完成上一步操作之后，添加反光。在绘制好的阴影的右侧绘制一个高光形状，并填充白色，效果如图8-188所示。在菜单栏中执行"窗口/属性"命令，在"属性"面板中调整"羽化"值，效果如图8-189所示，整体效果如图8-190所示。

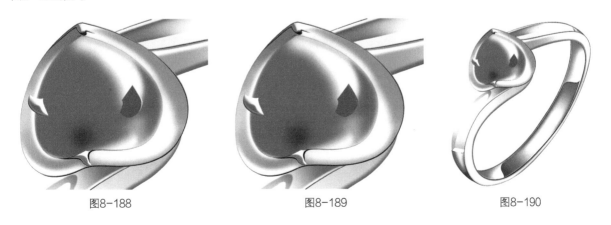

图8-188　　　　　　　　　　图8-189　　　　　　　　　　图8-190

06 添加阴影。将上一步绘制好的形状复制一层，并填充黑色，然后稍微向右移动一下，作为钻托的阴影部分，效果如图8-191和图8-192所示。

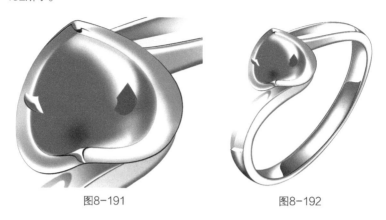

图8-191　　　　　　　　　　　图8-192

07 添加高光。用"钢笔工具" ✍在阴影上方绘制一个高光形状，效果如图8-193所示。在菜单栏中执行"窗口/属性"命令，在"属性"面板中调整"羽化"值，效果如图8-194所示，整体效果如图8-195所示。

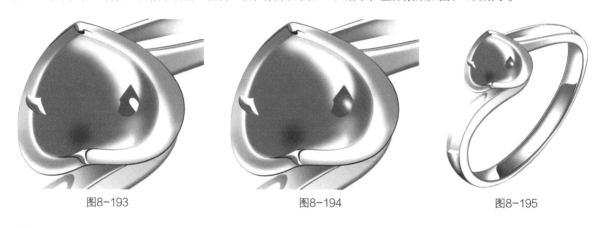

图8-193　　　　　　　　图8-194　　　　　　　　图8-195

08 添加高光的层次感。用"钢笔工具" ✍在上一步绘制好的高光的上方继续绘制一个高光形状，效果如图8-196所示。在菜单栏中执行"窗口/属性"命令，在"属性"面板中调整"羽化"值，效果如图8-197所示，整体效果如图8-198所示。

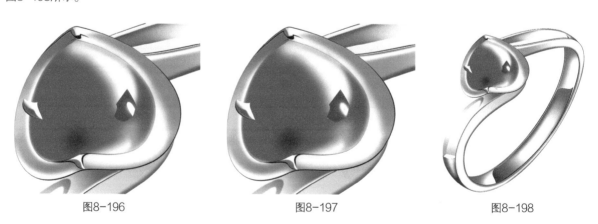

图8-196　　　　　　　　图8-197　　　　　　　　图8-198

09 添加暗部细节。用"钢笔工具" 在右侧钻托的左侧边缘绘制一个阴影形状，并填充黑色，效果如图8-199所示。在菜单栏中执行"窗口/属性"命令，在"属性"面板中调整"羽化"值，效果如图8-200所示，整体效果如图8-201所示。

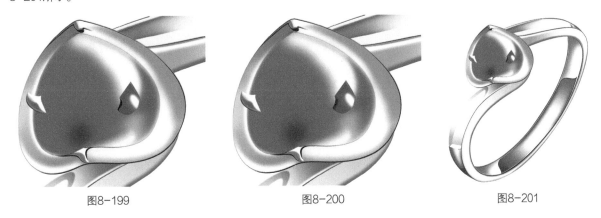

图8-199　　　　　　　　图8-200　　　　　　　　图8-201

10 沿着钻托的下方边缘绘制一个阴影形状，效果如图8-202所示。在菜单栏中执行"窗口/属性"命令，在"属性"面板中调整"羽化"值，效果如图8-203所示，整体效果如图8-204所示。

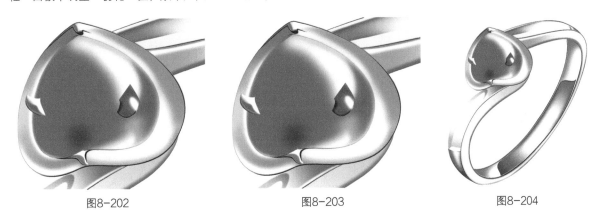

图8-202　　　　　　　　图8-203　　　　　　　　图8-204

11 继续添加钻托的光影层次。用"钢笔工具" 在钻托中部绘制一个阴影形状，效果如图8-205所示。在菜单栏中执行"窗口/属性"命令，在"属性"面板中调整"羽化"值，效果如图8-206所示，整体效果如图8-207所示。

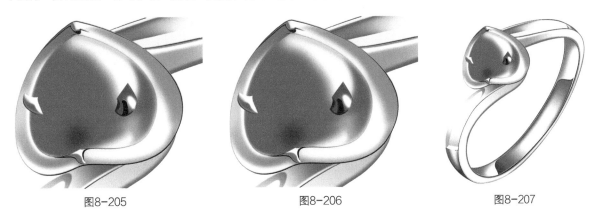

图8-205　　　　　　　　图8-206　　　　　　　　图8-207

12 在上一步绘制好的阴影的左侧用"钢笔工具" 绘制一个高光形状，效果如图8-208所示。执行"窗口/属性"菜单命令，在"属性"面板中调整"羽化"值，效果如图8-209所示，整体效果如图8-210所示。

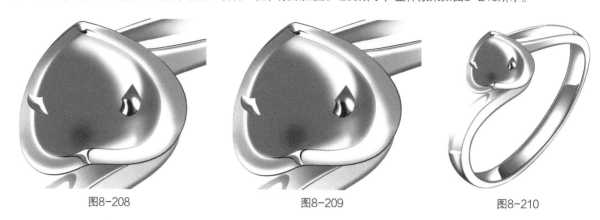

图8-208   图8-209   图8-210

13 绘制钻托上面的椭圆效果。用"椭圆工具" 在钻托的上方绘制出如图8-211所示的椭圆形状。添加图层蒙版，接着用"画笔工具" 对形状进行适当的涂抹处理，效果如图8-212所示，整体效果如图8-213所示。

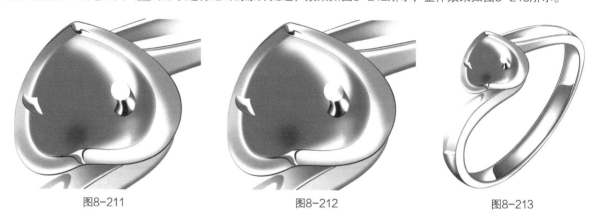

图8-211   图8-212   图8-213

14 将上一步绘制好的效果复制出一个，删除其图层蒙版，修改好颜色，并适当往上移动，效果如图8-214所示。在菜单栏中执行"窗口/属性"命令，在"属性"面板中调整"羽化"值，效果如图8-215所示，整体效果如图8-216所示。

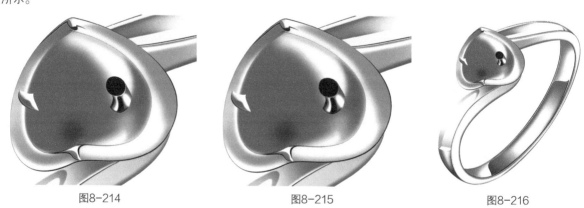

图8-214   图8-215   图8-216

15 绘制第3个钻托。用"钢笔工具" 在内轮廓的下边缘位置绘制一个形状，作为钻托的基本形，效果如图8-217和图8-218所示。

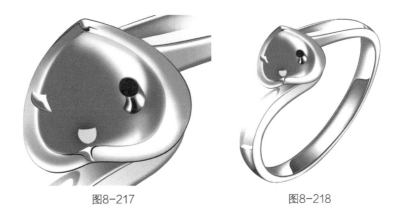

图8-217　　　　　　　　　　　图8-218

16 添加高光。用"钢笔工具" 在基本形的两侧绘制一个如图8-219所示的阴影形状、在菜单栏中执行"窗口/属性"命令，在"属性"面板中调整"羽化"值，效果如图8-220所示，整体效果如图8-221所示。

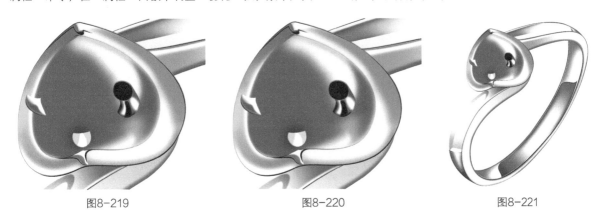

图8-219　　　　　　　　图8-220　　　　　　　　图8-221

17 添加阴影。用"钢笔工具" 在钻托的底部边缘绘制一条黑边，效果如图8-222所示。在菜单栏中执行"窗口/属性"命令，在"属性"面板中调整"羽化"值，效果如图8-223所示，整体效果如图8-224所示。

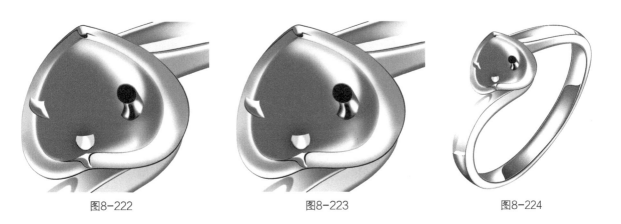

图8-222　　　　　　　　图8-223　　　　　　　　图8-224

18 添加图层蒙版，用"画笔工具" 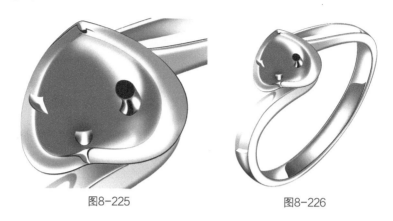在钻托的上方位置进行涂抹处理，使其边缘柔和，且过渡自然，效果如图8-225和图8-226所示。

图8-225   图8-226

19 添加钻托的光影层次。用"钢笔工具" 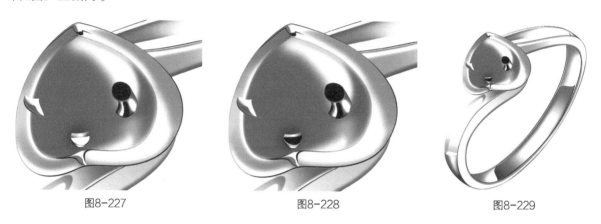在钻托的上方绘制一个形状，并填充白色，作为高光，效果如图8-227所示。将绘制好的形状复制出一个，并修改为黑色，作为阴影，然后适当向上移动，效果如图8-228所示，整体效果如图8-229所示。

图8-227   图8-228   图8-229

20 完善右侧钻托上方的阴影效果。选择钻托的基本形，并复制出两个，然后将上面一层适当缩小，将两个图形分别修改为一浅一深的颜色，效果如图8-230所示。添加图层蒙版，用"画笔工具" 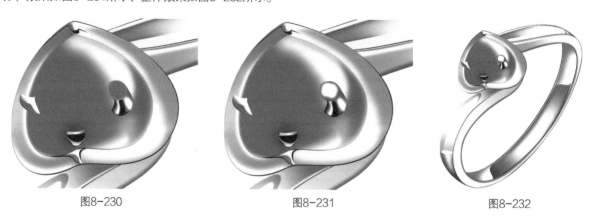涂抹掉上面一层图形的中间部分，效果如图8-231所示，整体效果如图8-232所示。

图8-230   图8-231   图8-232

21 用"钢笔工具" 继续在上一步绘制好的椭圆上绘制一个阴影形状，效果如图8-233所示。在菜单栏中执行"窗口/属性"命令，在"属性"面板中调整"羽化"值，效果如图8-234所示，整体效果如图8-235所示。

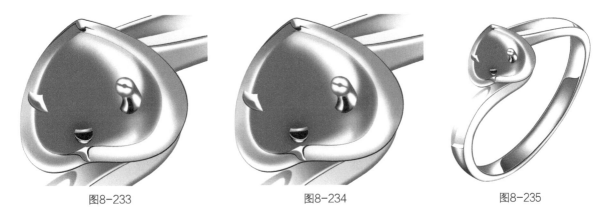

图8-233　　　　　　　　　　图8-234　　　　　　　　　　图8-235

22 此时观察整体钻托，发现其椭圆中心点应该更暗一些才合适。用"椭圆工具" 在椭圆中心位置绘制一个椭圆，并填充比之前椭圆更深一些的颜色，效果如图8-236所示。在菜单栏中执行"窗口/属性"命令，在"属性"面板中调整"羽化"值，效果如图8-237所示，整体效果如图8-238所示。

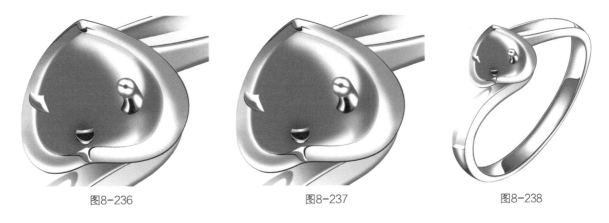

图8-236　　　　　　　　　　图8-237　　　　　　　　　　图8-238

23 添加细节。用"钢笔工具" 在椭圆的右侧绘制一个阴影形状，效果如图8-239所示。在菜单栏中执行"窗口/属性"命令，在"属性"面板中调整"羽化"值，效果如图8-240所示，整体效果如图8-241所示。

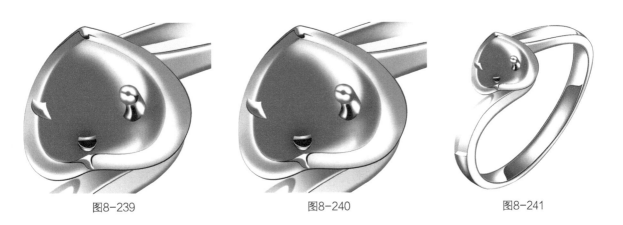

图8-239　　　　　　　　　　图8-240　　　　　　　　　　图8-241

24 用"钢笔工具" ✐ 在椭圆的左侧绘制一个阴影形状，效果如图8-242所示。在菜单栏中执行"窗口/属性"命令，在"属性"面板中调整"羽化"值，效果如图8-243所示，整体效果如图8-244所示。

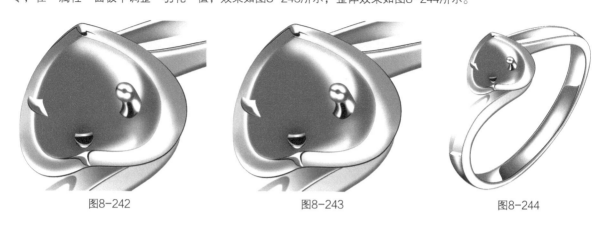

图8-242   图8-243   图8-244

25 继续添加细节。用"钢笔工具" ✐ 在椭圆的底部边缘绘制一条黑边，效果如图8-245所示。在菜单栏中执行"窗口/属性"命令，在"属性"面板中调整"羽化"值，效果如图8-246所示，整体效果如图8-247所示。

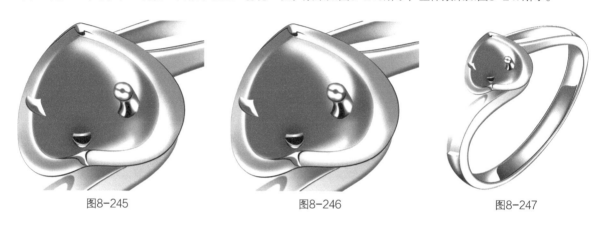

图8-245   图8-246   图8-247

26 用"钢笔工具" ✐ 在椭圆的正上方绘制一个阴影形状，效果如图8-248所示。在菜单栏中执行"窗口/属性"命令，在"属性"面板中调整"羽化"值，效果如图8-249所示，整体效果如图8-250所示。

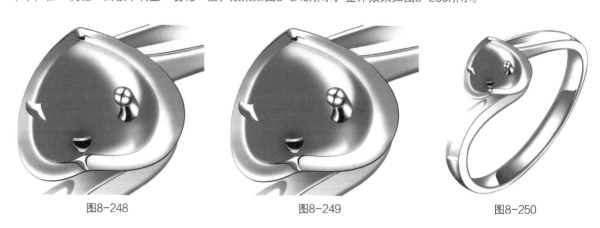

图8-248   图8-249   图8-250

27 将椭圆的光影绘制完成之后，按Ctrl+G快捷键将图层建组。按住Alt键复制3个出来，然后分别置于内轮廓区域中的对应位置，形成4个钻托，效果如图8-251和图8-252所示。

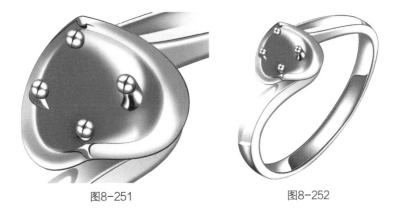

图8-251　　　　　　　　　　　图8-252

■ **添加钻石并绘制凹槽细节**

01 将选定的钻石素材置入，并置于钻托上，效果如图8-253和图8-254所示。

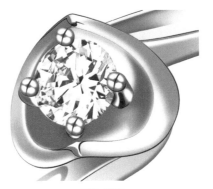

> **Tips**
>
> 在绘制珠宝产品前，商家往往会提供在自己的钻石库中挑选出的特定的钻石素材，因而这里不涉及钻石具体的绘制方法。

图8-253　　　　　　　　　　图8-254

02 将钻石素材添加进去之后，完善凹槽的细节。用"钢笔工具" ✐ 在凹槽偏左上方的边缘处绘制一条黑边，效果如图8-255所示。在菜单栏中执行"窗口/属性"命令，在"属性"面板中调整"羽化"值，效果如图8-256所示，整体效果如图8-257所示。

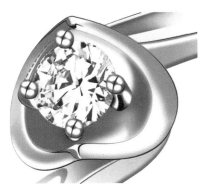
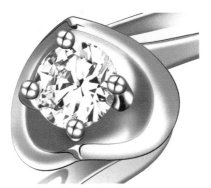

图8-255　　　　　　　图8-256　　　　　　　图8-257

03 用"钢笔工具" 在凹槽的下边缘偏左的位置绘制一条黑边，效果如图8-258所示。在凹槽的右侧绘制一个阴影形状，效果如图8-259所示。在凹槽的下边缘偏右的位置绘制一条黑边，效果如图8-260所示。

图8-258   图8-259   图8-260

04 用"钢笔工具" 在偏右位置的黑边处绘制一个阴影，效果如图8-261和图8-262所示。

图8-261   图8-262

05 添加凹槽的亮部细节。用"钢笔工具" 在凹槽的上边缘位置绘制一个高光形状，效果如图8-263所示。在菜单栏中执行"窗口/属性"命令，在"属性"面板中调整"羽化"值，效果如图8-264所示，整体效果如图8-265所示。

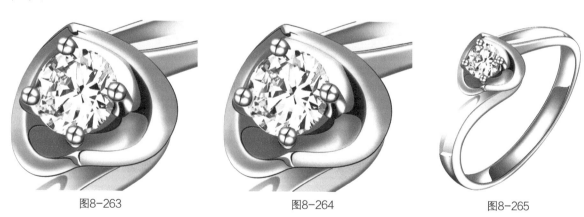

图8-263   图8-264   图8-265

06 用"钢笔工具" ✐在凹槽左侧的黑边处绘制一个阴影形状，效果如图8-266所示。在菜单栏中执行"窗口/属性"命令，在"属性"面板中调整"羽化"值，效果如图8-267所示，整体效果如图8-268所示。

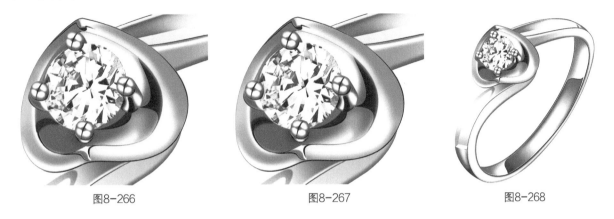

图8-266   图8-267   图8-268

8.4.7 整体添加细节

01 用"钢笔工具" ✐在顶部外轮廓的右侧绘制一个阴影形状，效果如图8-269所示。在左圈上方的凹槽区域绘制一条黑边，强调凹槽的立体感，效果如图8-270所示。接着添加图层蒙版，用"画笔工具" ✐对黑边进行适当的涂抹处理，效果如图8-271所示，整体效果如图8-272所示。

图8-269

图8-270   图8-271   图8-272

02 用 "钢笔工具"  沿着左圈凹槽的右侧绘制一条高光，效果如图8-273所示。

图8-273

03 将钻石素材置入左圈的凹槽区域中，并调整好透视关系，效果如图8-274所示。按照同样的方法，将凹槽中所需钻石素材都置入完毕，并进行适当调整，得到图8-275所示的效果。

图8-274   图8-275

04 选中左圈凹槽中的钻石，并创建选区，填充合适的颜色，效果如图8-276所示。在菜单栏中执行 "滤镜/模糊/高斯模糊" 命令，得到图8-277所示的效果。

图8-276   图8-277

05 按照绘制左圈凹槽中钻石的阴影时的方法，给右圈凹槽区域中的钻石添加一些阴影效果。添加后的效果如图8-278所示，整体效果如图8-279所示。

图8-278

图8-279

小结

（1）实例中讲解的戒指的颜色较浅，且为银色样式，而背景色又为纯白色。为了能将产品从背景中很好地分离出来，使其立体，在整个绘制修图过程中需使用"钢笔工具" 进行描边处理。

（2）针对钻石素材，可以在互联网上搜索并查找，也可以由商家直接提供。

Ps

雅

【一场淡雅的邂逅】

第9章

玻璃材质产品的修图技法

本次修图的对象为一款材质主要为玻璃的香水产品。其外形结构较复杂，包装材质除了玻璃之外，还有金属部分和塑料部分。玻璃材质的产品在修图过程中难度比较大，一般呈半透明状态，透视和光影结构都极为复杂，边缘反射强烈，在拍摄前期往往很难拍摄清晰，因此在修图过程中应特别注意这方面的调整。同时要注意透视关系的处理和光影结构的合理化表现，此外，细节上的光影处理也同样重要。

◎ 对透视结构的合理把控　　◎ 元素的合理化添加

◎ 金属质感的表现　　　　　◎ 瓶贴的制作与光影的处理

P R O D U C T　R E F I N E M E N T

9.1 产品分析

针对本产品而言,其结构可分为蝴蝶装饰物、瓶盖、螺纹、瓶身和标牌五大部分。其中蝴蝶装饰物部分包括塑料蝴蝶翅膀和珍珠两部分,如图9-1所示。

图9-1

本次修图讲解的过程中涉及的是一款由塑料、金属和玻璃这3种材质结合构成的香水产品。

针对产品的材质而言,当光投射在本产品的表面时,不同的材质会呈现出不同的光影效果。

当光线投射在塑料材质上时,光源模糊,明暗过渡均匀,反射较小,如图9-2所示。

当光线投射在金属材质上时,反射强烈,深色到浅色过渡距离较短,明暗反差较大,如图9-3所示。

当光线投射在玻璃材质上时,光线穿透力强,明暗过渡较均匀,边缘反射强烈,如图9-4所示。

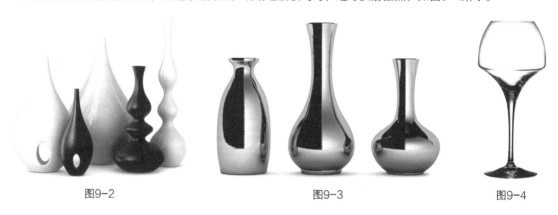

图9-2   图9-3   图9-4

> **Tips**
>
> 由于产品的各个结构在材质和形状上的差别,受到的光影虽然一样,但是具体表现出来的效果各有不同。针对玻璃材质的产品修图来说,因为反光较强烈,所以各个部分的光影相互影响也比较大,在修图中应多加重视。

9.2 修图要点

在修图之前，先观察产品的形体是否规整、颜色是否理想、局部地方是否存在瑕疵等问题。修图前后的对比效果如图9-5所示。

经过观察原图，可以发现产品结构完整，无明显瑕疵，但整体发灰、偏暗，光影层次较平淡。

针对以上问题，在修图过程中需要着重注意以下几点问题。

★　在绘制蝴蝶装饰物部分的光影时，由于其材质为半透明的塑料材质，光影层次较明显，且结构较复杂，同时结构表面还附有条纹效果，因此在处理时要注意其光影层次和光影细节的表现。在添加条纹效果时，需依照装饰物结构的透视关系来调整，避免效果失真。

★　在调整瓶盖上的阴影时，注意其材质同样为半透明，反光效果较明显。在调整好局部光影效果之后，需要使用颜色叠加的方式添加整体的鲜亮感。

★　在绘制螺纹部分的光影时，注意其材质为金属材质，转折面较多，反光较强烈，都是规律性地呈现出来的，主要分为凸出部分和凹陷部分。在绘制时除了要将其基本的光影层次表现出来以外，还要注意光影层次感的表现。在绘制过程中可用少量多次的方式进行叠加处理，如此打造出来的效果比较自然。

★　在绘制瓶身部分的光影时，需要着重注意的是立体感的塑造与光影层次感的表现，细节处理得越到位，效果就越自然。

★　绘制标牌部分的光影时，需注意立体感的塑造与文字质感的表现，其中在文字质感的表现上需配合内阴影处理。

★　添加整体的光影细节效果时，需从整个产品的光影关系去分析，要合理、到位。在添加圆点效果时，需着重依照产品的透视关系来做适当调整和处理，避免生硬。

修图后

修图前

图9-5

■ 绘制蝴蝶装饰物部分的光影。从瓶盖上的蝴蝶装饰部分开始,用"钢笔工具" 绘制瓶盖后方的蝴蝶装饰物的左部分,效果如图9-6所示。然后绘制珍珠部分的光影,效果如图9-7所示。接着绘制瓶盖右侧靠前方的蝴蝶装饰物的右部分光影,效果如图9-8所示。完成之后绘制瓶身左侧的蝴蝶装饰物的光影,用"钢笔工具" 绘制珍珠后方的蝴蝶装饰物的左部分,效果如图9-9所示。完成之后继续绘制珍珠上的光影,效果如图9-10所示。此时发现珍珠还不够亮,需要强调一下,强调后的效果如图9-11所示。绘制瓶身左侧靠前方的蝴蝶装饰物的右部分的光影,效果如图9-12所示。绘制完成后的整体效果如图9-13所示。

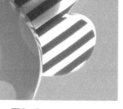

图9-6

图9-7

图9-8

图9-9

图9-10

图9-11

图9-12

图9-13

■ 绘制瓶盖部分的光影。首先使用"钢笔工具" ✐ 绘制瓶盖并为其填充基本色，效果如图9-14所示。然后绘制瓶盖上的高光，效果如图9-15所示。接着给整体画面添加色调，使其看起来更加鲜亮，效果如图9-16所示。

图9-14

图9-15

图9-16

■ 绘制螺纹部分的光影。首先用"钢笔工具" ✐ 从螺纹凸出部分的光影开始绘制，效果如图9-17所示。然后绘制螺纹凹陷部分的光影，效果如图9-18所示。接着分别添加凹陷部分和凸出部分的光影层次，效果如图9-19所示。完成之后，绘制螺纹部分的高光，效果如图9-20所示。最后添加细节，效果如图9-21所示。绘制完成后的整体效果如图9-22所示。

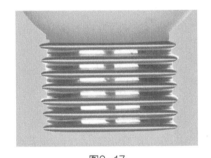

图9-17

图9-18

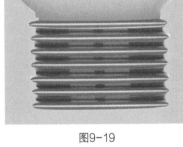

图9-19

图9-20

图9-21

图9-22

▪ 绘制瓶身部分的光影。首先使用"钢笔工具" 勾勒出瓶身的轮廓形状，效果如图9-23所示。然后绘制瓶身左右两侧的反光，效果如图9-24所示。接着绘制瓶身底部的亮部和暗部效果，并完善光影细节，效果如图9-25所示。绘制瓶身中部区域的吸管部分，效果如图9-26所示。完成之后，继续绘制液体水平面的光影，效果如图9-27所示。绘制完成后的整体效果如图9-28所示。

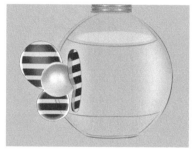

图9-23

图9-24

图9-25

图9-26

图9-27

图9-28

▪ 绘制标牌部分的光影。首先用"钢笔工具" 绘制出标牌的基本形，并表现出一定的厚度，效果如图9-29所示。然后添加拉丝素材，以表现出标牌的金属质感，效果如图9-30所示。接着将标牌文字添加进去，同时注意细节质感的表现，效果如图9-31所示。完成之后沿着标牌边缘绘制和添加一些光影细节，加强层次感，效果如图9-32所示。绘制完成后的整体效果如图9-33所示。

图9-29

图9-30

图9-31

图9-32

图9-33

- 添加整体的光影细节。首先使用"钢笔工具" 将螺纹在瓶身上方的投影绘制出来，同时配合羽化处理，使效果更加自然，如图9-34所示。然后绘制瓶身左侧的蝴蝶装饰物在瓶身上的阴影，以及瓶身右侧的阴影，效果如图9-35所示。最后给瓶盖和瓶身整体添加圆点效果，绘制完成后的整体效果如图9-36所示。

图9-34

图9-35

图9-36

9.4 修图过程

实例位置	学习资源>CH09>玻璃材质产品的修图技法.psd
视频位置	视频>CH09>玻璃材质产品的修图技法.mp4

9.4.1 绘制蝴蝶装饰物部分的光影

01 从后方的翅膀开始绘制，用"钢笔工具" 在瓶盖后方的翅膀部位绘制一个形状，如图9-37所示。由于翅膀为透明塑料材质，所以将翅膀形状绘制完成之后可将图层不透明度和填充数值各调到一半的状态，使其呈现出半透明的效果，如图9-38所示。接着将正在处理的后方翅膀部分作为一个单独的部分，然后将图层隐藏起来，方便后续修图，如图9-39所示。

图9-37

图9-38

图9-39

02 注意翅膀是有厚度的。用"钢笔工具" ⌕沿着后方翅膀的边缘绘制一个形状，如图9-40所示。将图层的不透明度适当降低，效果如图9-41所示。绘制完成后的效果如图9-42所示。

图9-40

图9-41

图9-42

03 制作翅膀上面的纹理。用"矩形工具" ⌷绘制一个矩形，效果如图9-43所示。按住Alt键并向下拖曳鼠标，复制出多个矩形，形成条纹效果，如图9-44所示。

图9-43

图9-44

04 把绘制好的条纹效果置入后方翅膀的图层中，效果如图9-45所示。依照正常的透视关系，按Ctrl+T快捷键，对条纹进行变形处理，效果如图9-46所示。处理完成后的效果如图9-47所示。

图9-45

图9-46

图9-47

图9-48

图9-49

05 用"钢笔工具" 在翅膀的边缘绘制一条黑边，效果如图9-48所示。在翅膀的另一个边缘绘制出另外一条黑边，效果如图9-49所示。接着执行"窗口/属性"菜单命令，在"属性"面板中调整"羽化"值，效果如图9-50所示。绘制完成后的效果如图9-51所示。

图9-50

图9-51

06 绘制反光。由于蝴蝶装饰物的材质为塑料材质，所以反光会比较强烈。这里使用"钢笔工具" 沿着右侧边缘绘制一条白边，作为反光，效果如图9-52和图9-53所示。

图9-52

图9-53

07 用"钢笔工具" 在翅膀的厚度面且靠近瓶盖的位置绘制一个形状，作为球形瓶盖在蝴蝶装饰物上的阴影，效果如图9-54和图9-55所示。

◁ Tips ▷

在绘制该区域的效果时，注意效果不能过于明显，且面积大小要适当，要表现得真实、自然一些。

图9-54

图9-55

08 如果觉得此时的阴影效果不够理想，可以执行"窗口/属性"菜单命令，在"属性"面板中调整"羽化"值，效果如图9-56和图9-57所示。

◇ Tips ◇

绘制完一个效果之后，需要反复观察和对比，直至将其效果调整至合适的效果，让绘制的效果更加理想。

图9-56

图9-57

09 绘制好后方的蝴蝶装饰物的翅膀部分之后，开始绘制中间部分的珍珠。用"椭圆工具" ◎ 绘制一个圆形，作为珍珠的形状，效果如图9-58所示。继续在圆形的基础上绘制另一个圆形，效果如图9-59所示。接着执行"窗口/属性"菜单命令，在"属性"面板中适当调整第2个圆的"羽化"值，效果如图9-60所示，绘制完成后的效果如图9-61所示。

图9-58

图9-60

图9-61

图9-59

10 绘制瓶盖右侧靠前方的蝴蝶翅膀的光影，绘制的基本方法与后方的翅膀基本一样。用"钢笔工具" ☑ 依照翅膀的轮廓绘制一个形状，效果如图9-62所示。单击"添加图层样式"按钮 fx，选择"描边"选项，将描边的大小设置为6像素，"图层样式"对话框如图9-63所示。完成之后单击"确定"按钮，得出图9-64所示的效果。接着调整图层的不透明度，调整后的效果如图9-65所示。调整好图层的不透明度之后，为了不使原产品该部分的存在影响后续的修图，将原产品的该部分隐藏起来，效果如图9-66所示。绘制完成后的效果如图9-67所示。

图9-62

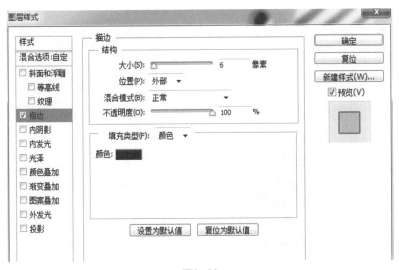

图9-63

图9-64

图9-65

图9-66

图9-67

11 复制之前做好的条纹效果图层，并置入前方翅膀的图层中，效果如图9-68所示。按Ctrl+T快捷键，依照翅膀透视关系对条纹效果做适当的变形处理，效果如图9-69所示。调整完成后的效果如图9-70所示。

图9-68

图9-69

图9-70

233

12 绘制和表现出翅膀的厚度。用"钢笔工具" 在翅膀的左上角沿着其边缘绘制一个形状，效果如图9-71所示。沿着边缘线的内侧绘制一条白边，作为反光，效果如图9-72所示。绘制完成后的效果如图9-73所示。

图9-71

图9-72

图9-73

13 绘制反光。用"钢笔工具" 在翅膀的右下方位置绘制一条白边，效果如图9-74所示。绘制好之后执行"窗口/属性"菜单命令，在"属性"面板中调整"羽化"值，作为蝴蝶装饰物右下方的反光，效果如图9-75所示。沿着上一条反光的上方继续添加一条白边，效果如图9-76所示。绘制好之后同样调整"羽化"值，作为边缘处的另一条反光，效果如图9-77所示。绘制完成后的效果如图9-78所示。

图9-74

图9-75

图9-76

图9-77

图9-78

14 绘制好瓶盖部分的蝴蝶装饰物之后，开始绘制瓶身左侧的装饰物。用"钢笔工具" 沿着珍珠后方的蝴蝶翅膀轮廓绘制一个形状，效果如图9-79所示。单击"添加图层样式"按钮 ，选择"描边"选项，将描边的大小设置为6像素，完成之后单击"确定"按钮，效果如图9-80所示。适当调整图层的不透明度，效果如图9-81所示。完成以上操作后，在"图层"面板中隐藏产品该部分的原始效果，如图9-82所示。之后得到图9-83所示的整体效果。

图9-79

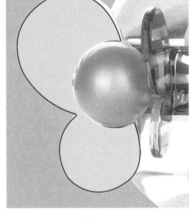
图9-80

图9-81

图9-82

图9-83

15 继续复制之前做好的纹理效果图层，并置入翅膀图层当中，效果如图9-84所示。从蝴蝶翅膀的下方开始，用"钢笔工具" 沿着其边缘绘制一条白边，效果如图9-85所示。执行"窗口/属性"菜单命令，在"属性"面板中调整其"羽化"值，作为下方边缘的反光，效果如图9-86所示。接着沿着绘制好的反光的右边内侧位置继续绘制一个形状，并适当调整其"羽化"值，加强右侧的反光效果，效果如图9-87所示。绘制完成后的效果如图9-88所示。

图9-84

图9-85

图9-86

图9-87

图9-88

16 继续上一步的操作，将蝴蝶翅膀下半部分的光影绘制好之后，用"钢笔工具" ✎沿着蝴蝶翅膀上半部分的右侧边缘绘制一条白边，效果如图9-89所示。绘制好之后同样执行"窗口/属性"菜单命令，在"属性"面板中调整"羽化"值，将这条白边作为该部分的反光，效果如图9-90所示。此时发现反光的亮度不是很明显，接着将反光复制一层出来并叠加上去，效果如图9-91所示。完成之后在上半部分的左侧绘制一条白边，同样做羽化处理，之后得到图9-92所示的效果。此时发现该反光的亮度依然不够，因此复制出一层并叠加上去，效果如图9-93所示。整体绘制完成后的效果如图9-94所示。

图9-89

图9-90

图9-91

图9-92

图9-93

图9-94

17 绘制瓶身部分的蝴蝶装饰物的珍珠部分的光影。用"钢笔工具" 沿着珍珠的下缘绘制一条白边，效果如图9-95所示。执行"窗口/属性"菜单命令，在"属性"面板中调整"羽化"值，效果如图9-96所示。接着沿着珍珠的上边缘绘制一个形状，效果如图9-97所示。绘制好之后同样进行羽化处理，以作为蝴蝶翅膀在珍珠上的阴影，效果如图9-98所示。绘制完成后的效果如图9-99所示。

图9-95

图9-96

图9-97

图9-98

图9-99

18 用"椭圆工具" 在珍珠装饰物的中心区域绘制一个椭圆，效果如图9-100所示。执行"窗口/属性"菜单命令，在"属性"面板中调整"羽化"值，效果如图9-101所示。接着用"钢笔工具" 沿着珍珠上边缘绘制一条白边，效果如图9-102所示。绘制好后同样做羽化处理，效果如图9-103所示。绘制完成后的整体效果如图9-104所示。

图9-100

图9-101

图9-102

图9-103

图9-104

19 完成上一步操作之后，发现珍珠的亮度依然不够。用"椭圆工具" ⬭ 在珍珠的中间区域绘制一个椭圆，效果如图9-105所示。执行"窗口/属性"菜单命令，在"属性"面板中调整"羽化"值，效果如图9-106所示。接着用"钢笔工具" ✎ 沿着珍珠的上边缘绘制一个形状，效果如图9-107所示。完成之后同样执行"窗口/属性"菜单命令，在"属性"面板中调整"羽化"值，效果如图9-108所示。绘制完成后的整体效果如图9-109所示。

图9-105

图9-106

图9-107

图9-108

图9-109

20 绘制瓶身右侧的蝴蝶装饰物的另一个翅膀。用"钢笔工具" ✍ 沿着翅膀的轮廓绘制一个形状，效果如图9-110所示。单击"添加图层样式"按钮 𝘧𝘹，选择"描边"选项，将描边大小设为6像素，效果如图9-111所示。接着调整描边图层的不透明度，效果如图9-112所示。绘制完成后的效果如图9-113所示。

图9-110

图9-111

图9-112

图9-113

21 绘制并表现出翅膀的厚度。用"钢笔工具" ✍ 沿着翅膀的边缘绘制一个形状，效果如图9-114所示。将之前制作好的纹理效果复制一层，置入该翅膀图层中，效果如图9-115所示。接着依照翅膀的透视关系，按Ctrl+T快捷键，对纹理效果做变形处理，效果如图9-116所示。绘制完成后的效果如图9-117所示。

图9-114

图9-115

图9-116

图9-117

22 为了避免原产品的瓶身部分影响后续的修图。在"图层"面板中将原产品的瓶身部分隐藏起来，效果如图9-118所示。用"钢笔工具" ✍ 在右侧翅膀的上方绘制一个形状，效果如图9-119所示。接着执行"窗口/属性"菜单命令，在"属性"面板中调整"羽化"值，效果如图9-120所示。绘制好之后继续在翅膀的下方绘制一个形状，作为阴影效果，如图9-121所示。绘制完成后的整体效果如图9-122所示。

图9-118

图9-119

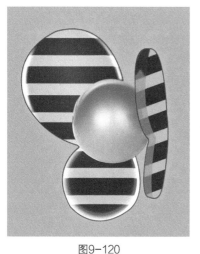

图9-120

图9-121

图9-122

9.4.2 绘制瓶盖部分的光影

01 填充基本色。用"钢笔工具" ⚬沿着瓶盖的外轮廓绘制一个圆，效果如图9-123所示。

02 选中瓶盖图层组，在"图层"面板下方单击"添加图层样式"按钮 *fx.*，在下拉菜单中选择"内阴影"选项，在弹出的"图层样式"对话框中将"混合模式"设为"正片叠底"，将"不透明度"设为75%，将"距离"设为3像素，将"大小"设为140像素，对话框如图9-124所示。处理后的效果如图9-125所示。

图9-123

图9-124

图9-125

03 添加亮部。用"椭圆工具" ⚬在瓶盖中心绘制一个圆，效果如图9-126所示。执行"窗口/属性"菜单命令，在"属性"面板中调整"羽化"值，效果如图9-127所示。

图9-126

图9-127

04 用"钢笔工具" ✐在瓶盖右侧边缘绘制一个形状，效果如图9-128所示。同样执行"窗口/属性"菜单命令，在"属性"面板中调整"羽化"值，效果如图9-129所示。

图9-128

图9-129

05 添加底部阴影。用"钢笔工具" ✐在瓶盖底部绘制一个形状，效果如图9-130所示。执行"窗口/属性"菜单命令，在"属性"面板中调整"羽化"值，效果如图9-131所示。

图9-130

图9-131

06 绘制中心区域的高光。用"钢笔工具" ✐在瓶盖中心区域绘制一个形状，效果如图9-132所示。添加图层蒙版，用"画笔工具" ✐对形状进行适当涂抹，完成后按住Alt键并向左拖曳，复制出一层，绘制完成之后的效果如图9-133所示。

图9-132

图9-133

07 绘制完成后觉得颜色不够鲜亮，需要调整。在"图层"面板下方单击"创建新的填充或调整图层"按钮 ◑，在下拉菜单中选择"纯色"选项，然后选择需要的颜色并叠加进去，效果如图9-134所示。接着将该颜色图层的"混合模式"设为"叠加"，将图层的不透明度设为50%，之后得到图9-135所示的效果。

图9-134

图9-135

9.4.3 绘制螺纹部分的光影

01 仔细观察螺纹部分，其结构主要分为凸出的部分和凹陷的部分。从凸出部分的光影开始绘制，使用"钢笔工具" ✎ 在螺纹与瓶盖的衔接处绘制一个暗色的形状，效果如图9-136所示。在绘制好的形状下方绘制一个亮色的形状，效果如图9-137所示。接着在亮色形状的下方位置继续绘制一个暗色的形状，效果如图9-138所示。按Ctrl+E快捷键将3个形状合并，作为螺纹凸出部分的光影效果，如图9-139所示。

图9-136

图9-137

图9-138

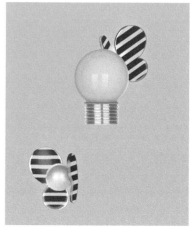

图9-139

02 按住Alt键将制作好的效果复制出6层，并分别放在螺纹凸出的位置，效果如图9-140和图9-141所示。

Tips

对于一些重复有规律的结构部位，在光影表现时可采用"复制"的方式进行处理，同时针对一些实际的效果需要，还还可以同时采用局部羽化、原位叠加等功能来配合处理，以让绘制出的效果更加理想。

图9-140

图9-141

03 绘制凹陷部分的光影。用"钢笔工具" ✎ 沿着螺纹的凹陷位置绘制一个形状，效果如图9-142所示。将绘制好的图形复制出5个，并分别放在螺纹对应的位置，效果如图9-143所示。接着执行"窗口/属性"菜单命令，在"属性"面板中调整"羽化"值，效果如图9-144所示。绘制完成后的效果如图9-145所示。

图9-142

图9-143

图9-144

图9-145

04 加强凹陷部分的阴影层次感。用"钢笔工具" 在凹陷处的中间区域绘制一个形状,效果如图9-146所示。将绘制出的效果复制出5层,并放在各个凹陷处的对应位置,效果如图9-147所示。接着执行"窗口/属性"菜单命令,在"属性"面板中调整"羽化"值,效果如图9-148所示。绘制完成之后的效果如图9-149所示。

图9-146

图9-147

图9-148

图9-149

05 增强凸出部分的光影层次感。用"钢笔工具" 沿着凸出部分的下方绘制一个形状,效果如图9-150所示。将绘制好的形状复制出5层,并放在各个凸出部分对应的位置,效果如图9-151所示。接着执行"窗口/属性"菜单命令,在"属性"面板中调整"羽化"值,效果如图9-152所示。经观察发现,绘制出来的效果不够亮,所以将绘制的形状复制出5层,并叠加在对应位置。按Ctrl+E快捷键对图层进行合并,效果如图9-153所示。绘制完成后的效果如图9-154所示。

图9-150

图9-151

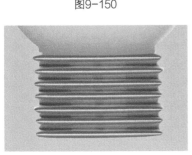

图9-152

图9-153

图9-154

Tips

　　针对以上两种不一样的绘制方法,在绘制过程中无论是先合并还是先复制,最终所达到的效果都是一样的。

06 绘制高光，用"矩形工具"沿着螺纹每一个凹陷区域偏左侧的位置绘制6个矩形，效果如图9-155所示。执行"窗口/属性"菜单命令，在"属性"面板中调整"羽化"值，效果如图9-156所示。绘制完成后的整体效果如图9-157所示。

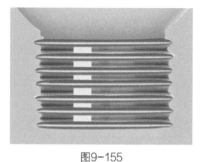

图9-155

图9-156

图9-157

07 在上一步绘制好的矩形位置绘制6个窄一些的矩形，效果如图9-158所示。同样执行"窗口/属性"菜单命令，在"属性"面板中调整"羽化"值，效果如图9-159所示。绘制完成后的整体效果如图9-160所示。

图9-158

图9-159

图9-160

08 在上一步绘制好的效果位置继续绘制6个更窄一些的矩形，效果如图9-161所示。按Ctrl+E快捷键将以上绘制的3层效果进行合并。按住Alt键并向右拖曳鼠标，将其复制一层到螺纹的右侧，使其对称，效果如图9-162所示。此时发现效果还不够亮，所以将左右两边的效果整体复制一层，原位叠加，效果如图9-163所示。绘制完成后的整体效果如图9-164所示。

图9-161

图9-162

图9-163

图9-164

09 用"矩形工具" ▢ 沿着螺纹偏左侧的凸出部分绘制6个矩形，并在螺纹图层上建立"剪切蒙版"，效果如图9-165所示。执行"窗口/属性"菜单命令，在"属性"面板中调整"羽化"值，效果如图9-166所示。接着将制作出来的效果复制一层，进行水平翻转后叠加到右侧，效果如图9-167所示。制作完成后的整体效果如图9-168所示。

图9-165

图9-166

图9-167

图9-168

10 用"钢笔工具" ✐ 在金属部分的左侧边缘绘制一个形状，并复制6份，移动到对应位置，效果如图9-169所示。执行"窗口/属性"菜单命令，在"属性"面板中调整"羽化"值，复制一份到右侧并调整，效果如图9-170所示。绘制完成后的整体效果如图9-171所示。

图9-169

图9-170

图9-171

11 将前面建立的单色图层复制一个出来（快捷键Ctrl+J），并将该图层的"混合模式"设为"柔光"，效果如图9-172和图9-173所示。

图9-172

 Tips

越是针对一些细节效果的处理，越需要反复不断地去观察与思考，然后尝试使细节呈现出不同的变化，这样才更有利于表现产品的真实感和自然性效果。

图9-173

9.4.4 绘制瓶身部分的光影

图9-174

01 在绘制瓶身之前，将产品的该部分隐藏起来，以便绘制。用"钢笔工具"✐沿着瓶身的形状将其外轮廓大致勾勒出来，效果如图9-174所示。用"椭圆工具"◎在瓶身偏上方的区域绘制一个椭圆，作为瓶内香水的水平面，效果如图9-175所示。接着使用"钢笔工具"✐勾勒出瓶身具体的形态，效果如图9-176所示。绘制完成后的整体效果如图9-177所示。

图9-175

图9-176

图9-177

02 添加亮部效果。用"钢笔工具"✐在瓶身的右侧绘制一个形状，效果如图9-178所示。执行"窗口/属性"菜单命令，在"属性"面板中调整"羽化"值，效果如图9-179所示。接着添加图层蒙版，用"画笔工具"✐对形状进行适当涂抹，效果如图9-180所示。将绘制好的效果复制一层到左边，效果如图9-181所示。绘制完成后的整体效果如图9-182所示。

图9-178

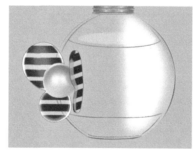

图9-179

图9-180

图9-181

图9-182

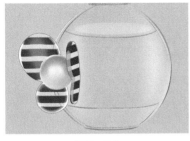

图9-183

03 用"钢笔工具" 在瓶身两侧绘制出两个形状，作为两侧的反光，效果如图9-183所示。注意玻璃瓶都是有一定厚度的，所以在瓶身的左侧沿着其边缘绘制一个形状，效果如图9-184所示。另外，玻璃瓶又是有一定透明度的，所以单击上一步绘制好的形状图层，并适当降低该图层的不透明度，效果如图9-185所示。绘制完成后的整体效果如图9-186所示。

图9-184

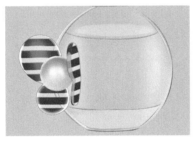

图9-185

图9-186

04 绘制瓶身底部的光影细节。用"钢笔工具" 在瓶身的底部绘制一个形状，效果如图9-187所示。绘制完成之后，适当降低该图层的不透明度，作为该区域的亮部，效果如图9-188所示。绘制完成后的整体效果如图9-189所示。

图9-187

图9-188

图9-189

05 用"钢笔工具" 在上一步绘制好的效果上方绘制一个形状，效果如图9-190所示。执行"窗口/属性"菜单命令，在"属性"面板中调整"羽化"值，作为该区域的暗部，效果如图9-191所示。绘制完成后的整体效果如图9-192所示。

图9-190

图9-191

图9-192

图9-193

06 细节表现。用"钢笔工具" ✍ 在暗部区域绘制一个亮一些的形状，效果如图9-193所示。在上一步绘制好的效果的下方绘制一条白边，效果如图9-194所示。接着执行"窗口/属性"菜单命令，在"属性"面板中调整"羽化"值，效果如图9-195所示。绘制完成后的整体效果如图9-196所示。

图9-194

图9-195

图9-196

07 继续加强细节表现。用"钢笔工具" ✍ 在上一步绘制好的效果的左侧绘制一条白边，效果如图9-197所示。执行"窗口/属性"菜单命令，在"属性"面板中调整"羽化"值，效果如图9-198所示。绘制完成后的整体效果如图9-199所示。

图9-197

图9-198

图9-199

08 绘制瓶身底部的阴影。用"钢笔工具" ✍ 在瓶底区域绘制一个形状，效果如图9-200所示。执行"窗口/属性"菜单命令，在"属性"面板中调整"羽化"值，效果如图9-201所示。绘制完成后的整体效果如图9-202所示。

图9-200

图9-201

图9-202

09 绘制瓶身底部的高光。用"钢笔工具" 🖊沿着瓶身底部绘制一个形状，效果如图9-203所示。执行"窗口/属性"菜单命令，在"属性"面板中调整"羽化"值，效果如图9-204所示。绘制完成后的整体效果如图9-205所示。

> ⊰ **Tips** ⊱
>
> 针对既属于亮面又属于半透明材质的光影效果，在做羽化处理时需要特别注意其光感强度的控制与表现，既要表现出一定的强光，又不能让其丧失该有的通透感。

图9-203

图9-204

图9-205

10 添加瓶身底部的高光层次感。用"钢笔工具" 🖊在瓶身底部的右侧绘制一个形状，效果如图9-206所示。将该图层的"混合模式"设为"叠加"，效果如图9-207所示。接着执行"窗口/属性"菜单命令，在"属性"面板中调整"羽化"值，效果如图9-208所示。添加图层蒙版，用"画笔工具" 🖌对形状进行适当的涂抹处理，效果如图9-209所示。绘制完成后的整体效果如图9-210所示。

图9-206

图9-207

图9-208

图9-209

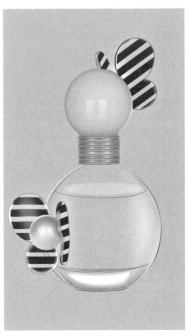

图9-210

11 用"钢笔工具" 继续沿着瓶身的底部区域绘制一个形状，效果如图9-211所示。执行"窗口/属性"菜单命令，在"属性"面板中调整"羽化"值，效果如图9-212所示。绘制完成后的整体效果如图9-213所示。

图9-211

图9-212

图9-213

12 用"钢笔工具" 在瓶身靠右侧的区域绘制一个形状，效果如图9-214所示。绘制完成后，适当降低该图层的不透明度，作为瓶身右侧边缘的反光，效果如图9-215所示。制作完成后的整体效果如图9-216所示。

图9-214

图9-215

图9-216

13 绘制瓶身中间区域的吸管部分。用"钢笔工具" 在瓶身靠近瓶口的位置绘制一个形状，效果如图9-217所示。绘制完成后，适当降低该图层的不透明度，效果如图9-218所示。制作完成后的整体效果如图9-219所示。

图9-217

图9-218

图9-219

14 用"钢笔工具" 在上一步绘制好的效果的下方绘制一个形状，效果如图9-220所示。执行"窗口/属性"菜单命令，在"属性"面板中调整"羽化"值，效果如图9-221所示。绘制完成后的整体效果如图9-222所示。

图9-220

图9-221

图9-222

15 用"钢笔工具" 在上一步绘制好的效果的右侧继续绘制一个差不多的形状，效果如图9-223所示。执行"窗口/属性"菜单命令，在"属性"面板中调整"羽化"值，效果如图9-224所示。绘制完成后的整体效果如图9-225所示。

图9-223

图9-224

图9-225

16 将之前在瓶身靠近瓶口的位置绘制的效果复制一个，并原位叠加进去，效果如图9-226所示。执行"窗口/属性"菜单命令，在"属性"面板中调整"羽化"值，效果如图9-227所示。绘制完成后的整体效果如图9-228所示。

图9-226

图9-227

图9-228

17 绘制液体水平面的光影层次。将液体水平面效果复制一层并原位叠加进去，效果如图9-229所示。继续将液体水平面复制出一层，缩小并修改颜色后叠加进去，效果如图9-230所示。此时发现液体水平面的颜色还是不够理想，所以又多复制了几层，并适当对大小进行调整，同时修改了颜色并进行叠加，效果如图9-231所示。此时效果依然还不够理想，因此继续复制，并做适当调整后叠加进去，效果如图9-232所示。绘制完成后的整体效果如图9-233所示。

图9-229

图9-230

图9-231

图9-232

图9-233

9.4.5 绘制标牌部分的光影

01 用"钢笔工具" 沿着瓶身的中部区域绘制一个形状，效果如图9-234所示。添加图层蒙版，用"画笔工具" 对形状进行适当涂抹处理，效果如图9-235所示。绘制完成后的整体效果如图9-236所示。

图9-234

图9-235

图9-236

02 添加标牌的光影细节。此时注意标牌是带有厚度的。用"钢笔工具"
🖊在标牌的下方绘制一条深色的边，效果如图9-237所示。执行"窗口/属
性"菜单命令，在"属性"面板中调整"羽化"值，效果如图9-238所示。
绘制完成后的整体效果如图9-239所示。

图9-237

图9-238

图9-239

03 用"钢笔工具"🖊在上一步效果的基础上继续绘制一条深色的边，
效果如图9-240所示。执行"窗口/属性"菜单命令，在"属性"面板中调
整"羽化"值，效果如图9-241所示。绘制完成后的整体效果如图9-242
所示。

图9-240

图9-241

图9-242

04 用"钢笔工具"🖊沿着标牌的右侧和上边缘绘制一个形状，效果如
图9-243所示。执行"窗口/属性"菜单命令，在"属性"面板中调整"羽
化"值，效果如图9-244所示。绘制完成后的整体效果如图9-245所示。

图9-243

图9-244

图9-245

05 用"钢笔工具" 在标牌的右侧绘制一个形状，效果如图9-246所示。执行"窗口/属性"菜单命令，在"属性"面板中调整"羽化"值，效果如图9-247所示。完成之后将绘制好的效果复制出一层到标牌的左侧，调整后的效果如图9-248所示。制作完成后的整体效果如图9-249所示。

图9-246

图9-247

图9-248

图9-249

06 由于标牌属于金属材质，所以这里将拉丝素材添加进去，效果如图9-250所示。完成之后将图层的"混合模式"设为"柔光"，效果如图9-251所示，整体效果如图9-252所示。

图9-250

图9-251

图9-252

图9-253

图9-254

07 在标牌上置入所需要的文字，效果如图9-253所示。单击"添加图层样式"按钮 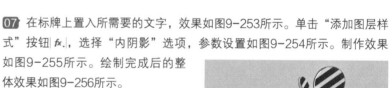，选择"内阴影"选项，参数设置如图9-254所示。制作效果如图9-255所示。绘制完成后的整体效果如图9-256所示。

图9-255

图9-256

08 在"图层"面板的下方单击"创建新的填充或调整图层"按钮 ◎.，选择"曲线"选项，在对应的面板中适当调整对比度，设置如图9-257所示。调整完成后的局部效果如图9-258所示。调整完成后的整体效果如图9-259所示。

图9-257

图9-258

图9-259

09 添加标牌的亮部细节。用"钢笔工具" ⬚.沿着标牌的底部边缘绘制一个形状，效果如图9-260所示。继续在该效果的上方绘制一个形状，效果如图9-261所示。接着沿着标牌的右侧和上边缘绘制一个形状，效果如图9-262所示。绘制完成后的整体效果如图9-263所示。

图9-260

图9-261

图9-262

图9-263

10 用"钢笔工具" ⬚.沿着标牌右侧和上边缘的内侧绘制一个形状，效果如图9-264所示。沿着上一步绘制好的效果内侧绘制一条深色的边，效果如图9-265所示。接着执行"窗口/属性"菜单命令，在"属性"面板中调整"羽化"值，效果如图9-266所示。绘制完成后的整体效果如图9-267所示。

图9-264

图9-265

图9-266

图9-267

9.4.6 添加整体的光影细节

01 仔细观察之前绘制好的整体效果，发现瓶身与螺纹部分的接口处不是很立体，且螺纹在瓶身的上方应该有一些投影表现出来。用"钢笔工具" ✐ 在螺纹靠近瓶身的部位绘制一个形状，效果如图9-268所示。执行"窗口/属性"菜单命令，在"属性"面板中调整"羽化"值，效果如图9-269所示。绘制完成后的效果如图9-270所示。

图9-268

图9-269

图9-270

02 绘制瓶身左侧的蝴蝶装饰物在瓶身上的阴影。用"钢笔工具" ✐ 在瓶身靠近蝴蝶装饰物的位置绘制一个形状，效果如图9-271所示。执行"窗口/属性"菜单命令，在"属性"面板中调整"羽化"值，效果如图9-272所示。绘制完成后的整体效果如图9-273所示。

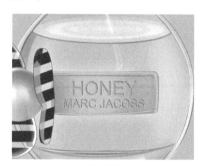

图9-271

图9-272

图9-273

03 用"钢笔工具" ✐ 沿着瓶身右侧的边缘绘制一个形状，效果如图9-274所示。执行"窗口/属性"菜单命令，在"属性"面板中调整"羽化"值，作为瓶身右侧的阴影，效果如图9-275所示。绘制完成后的整体效果如图9-276所示。

图9-274

图9-275

图9-276

04 将整个产品的光影都表现完成之后，绘制瓶盖和瓶身上的圆点效果。依照透视原理，用"椭圆工具"在瓶盖和瓶身上绘制出一些椭圆，效果如图9-277所示。绘制好之后按Ctrl+Alt+Shift+E快捷键盖印图层。在"图层"面板下方单击"创建新的填充或调整图层"按钮，选择"曲线"选项，在相应的面板中调整圆点效果的对比度，效果如图9-278所示。在菜单栏中执行"滤镜/锐化/智能锐化"菜单命令，对圆点进行适当的锐化处理，之后得到图9-279所示的效果。

图9-277

图9-278

小结

（1）由于环境的关系，在产品拍摄中有时会有一些错乱的光影投射到产品上。虽然光影可以塑造物体的立体感，但并非光影越多，物体的立体感就越强。有时错乱的光影会破坏图片的美感，所以在修图过程中需要特别注意对这些光影的处理。

（2）针对半透明玻璃材质的产品修图，需要特别注意产品质感的表现，对光影的羽化和涂抹处理要合适、到位，整个产品要干净、通透，以还原产品的固有形态。

图9-279

第10章
结构多元化产品的修图技法

本次修图的对象为一款材质与结构均多元化的剃须刀产品。对于该产品而言，其材质可分为金属和塑料两种，其修图难点是该产品由极其复杂的结构组成，结构上有大有小，细节上有多有少。不过，任何形状都是由基本形构成的，因此在修图过程中只要好好观察，处理起来就不会很难。

◎ 多材质与多结构的产品 分析

◎ 不同材质的光影的不同表现 方法

◎ 多结构产品的细节处理

10.1 产品分析

　　针对本产品而言，其结构主要包括刀头部分、刀头塑料部分、机身部分和底座部分，如图10-1所示。该产品主要由金属和硬质塑料材质结合制作而成，针对这两种材质的特点，在前面的章节中已经多次分析过，这里不再赘述。

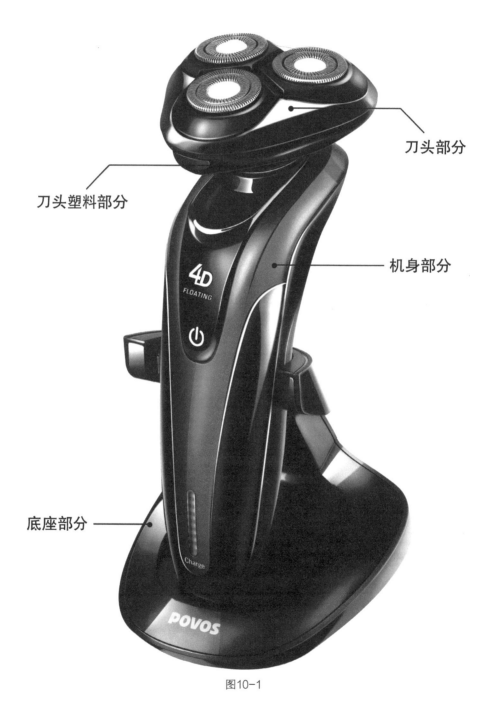

刀头部分

刀头塑料部分

机身部分

底座部分

图10-1

10.2　修图要点

在修图之前，观察产品表面是否存在瑕疵，结构和光影是否理想。修图前后的对比效果如图10-2所示。

经过观察原图，可以发现该产品有较多的污点，而且由于结构较复杂，在拍摄的时候许多光影细节都无法照顾到，因此需要在后期处理中予以调整。

在后期修图过程中，需要着重注意以下几点问题。

★　针对后期修图，为了避免产品表面存在太多的污点，在产品拍摄前可以把产品尽量擦干净一些。在拍摄后如果发现依然有污点存在，可以使用"污点修复画笔工具" 或"仿制图章工具" 进行污点修复处理。

★　该产品涉及的材质较复杂。当针对产品中的金属部分进行修图时，需注意光影表现要比塑料部分稍硬朗一些；针对产品中的塑料部分进行修图时，需注意光影表现要比金属部分稍弱一些。同时要注意的是，该原则也不是绝对的，针对产品各个部分不同的受光情况，其具体的光影细节也可以做相应的调整。

★　该产品的结构较为复杂，同时存在较多的转折面和缝隙，在修图时需要仔细观察，在把握好整体的光影效果的同时，还要特别注意对这些细节部位的处理，这样才能让产品更加真实、自然。

★　针对该产品的修图与处理，需要非常耐心和细心，同时注意各个部分的效果对比，保证其整体效果过渡和谐、自然。

修图后

修图前

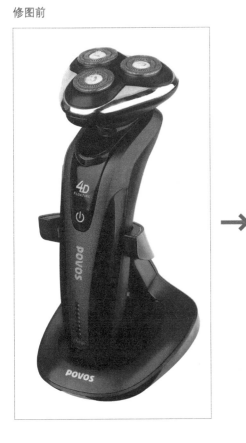

图10-2

10.3 核心步骤

■ 绘制底座部分的光影。在绘制之前，修复产品中存在的一些杂点和瑕疵，效果如图10-3所示。绘制底座外围的光影，效果如图10-4所示。接着绘制出底座内围的光影，效果如图10-5所示。最后绘制支柄部分的光影，效果如图10-6所示。绘制完成后的整体效果如图10-7所示。

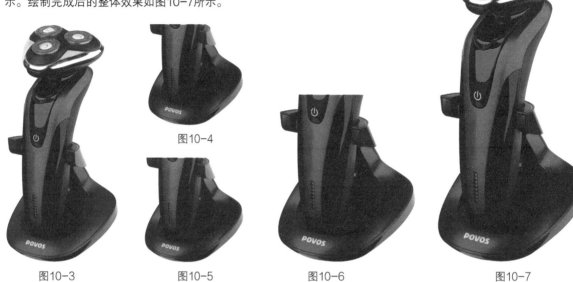

图10-4

图10-3　　　　　图10-5　　　　　图10-6　　　　　图10-7

■ 添加底座部分的光影细节。首先绘制底座右侧的光影细节，效果如图10-8所示。然后绘制底座后方转折处的光影细节，效果如图10-9所示。接着添加底座正前方的光影细节，效果如图10-10所示。完成之后绘制底座右侧的反光，效果如图10-11所示。之后继续绘制底座前端亮部缝隙边缘的一道高光，效果如图10-12所示。绘制完成之后的整体效果如图10-13所示。

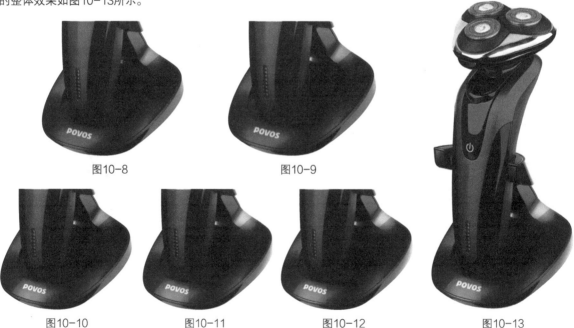

图10-8　　　　　图10-9

图10-10　　　　　图10-11　　　　　图10-12　　　　　图10-13

- 绘制刀头部分的光影。首先绘制刀头右侧边缘的光影，效果如图10-14所示。然后绘制剃须刀刀头金属部分与下面塑料部分衔接处的凹槽光影，效果如图10-15所示。接着沿着剃须刀上面的金属部分和下面塑料部分的衔接位置添加一些光影，效果如图10-16所示。完成后的整体效果如图10-17所示。

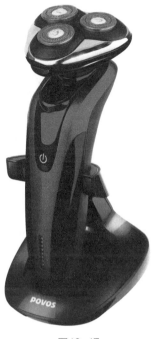

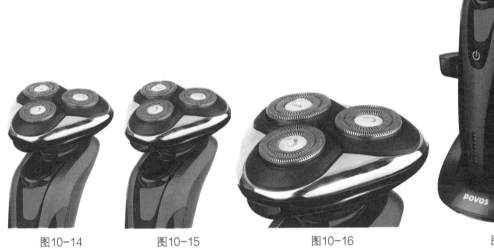

图10-14 　　　　图10-15 　　　　图10-16 　　　　图10-17

- 添加刀头部分的光影细节。首先绘制刀头顶部平面区域的光影效果，如图10-18所示。然后绘制刀头与金属部分衔接处的凹槽效果，效果如图10-19所示。接着给刀头顶部整体添加一些光影效果，如图10-20和图10-21所示。完成之后调整刀片的形状，效果如图10-22所示。最后强调刀头部分的凹槽效果，如图10-23所示。绘制完成后的整体效果如图10-24所示。

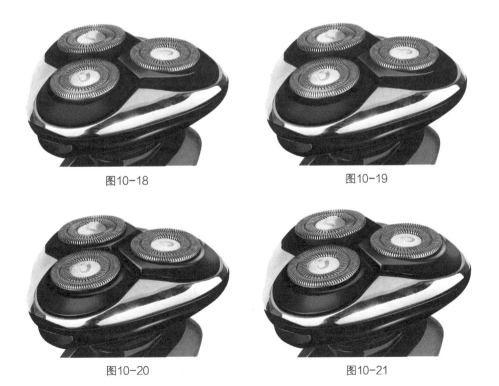

图10-18 　　　　　　　　　　图10-19

图10-20 　　　　　　　　　　图10-21

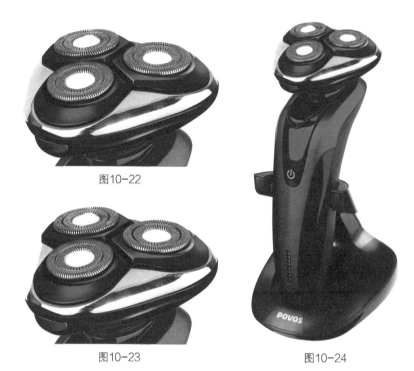

图10-22

图10-23

图10-24

- 完善刀头金属部分的光影细节。首先绘制刀头金属部分左侧的光影细节，效果如图10-25所示。然后绘制刀头金属部分右侧的光影细节，效果如图10-26所示。接着将刀头金属部分整体提亮，效果如图10-27所示。完成之后给刀头添加一些高光细节，达到强调的效果。之后将刀头金属部分的暗部区域强调一下，使其光影对比效果更强，如图10-28和图10-29所示。绘制完成后的整体效果如图10-30所示。

图10-25

图10-26

图10-27

图10-28

图10-29

图10-30

- 完善剃须刀底座部分的光影。首先绘制剃须刀底座支柄部分的光影，效果如图10-31所示。然后绘制底座缝隙处的光影效果，如图10-32所示。接着完善并强调底座前外围部分的光影效果，如图10-33所示。完成之后的整体效果如图10-34所示。

图10-31

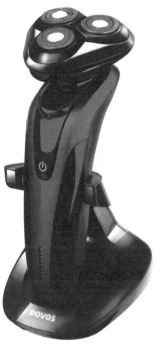

图10-32

图10-33

图10-34

- 绘制机身部分的光影。首先将机身瑕疵比较明显的区域处理一下，效果如图10-35所示。然后给机身右侧添加一些光影，效果如图10-36所示。接着给机身左侧添加一些光影，效果如图10-37所示。完成之后强调一下机身正面与右面的暗部效果，效果如图10-38所示。绘制机身右侧的亮部效果，如图10-39所示。给机身的各个结构的衔接部位（包括缝隙和凹槽部位）添加光影细节，效果如图10-40所示。绘制机身中部区域的光影，效果如图10-41所示。强调凹槽效果，同时着重给机身中部区域的黑色部分添加一些光影效果，如图10-42所示。完成后的整体效果如图10-43所示。

图10-35   图10-36   图10-37   图10-38   图10-39

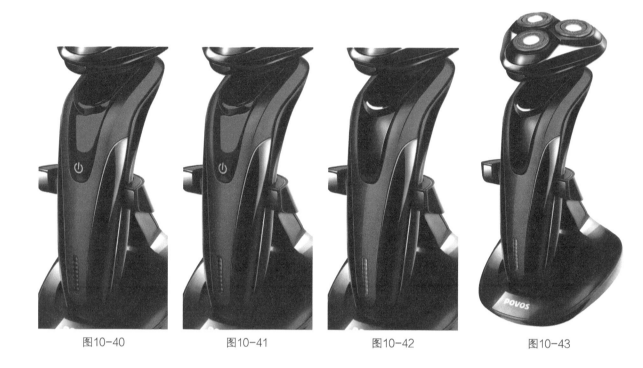

图10-40　　　　　　　　　图10-41　　　　　　　　　图10-42　　　　　　　　　图10-43

■ 添加图文信息。首先勾勒出开关形状，然后绘制出"4D"，用"文字工具"输入相应的品牌文字信息，对图文信息做适当的调整透视处理，最终完成后的效果如图10-44所示。

图10-44

10.4 | 修图过程

实例位置	学习资源>CH10>结构多元化产品的修图技法.psd
视频位置	视频>CH10>结构多元化产品的修图技法.mp4

10.4.1 绘制底座部分的光影

01 在绘制底座部分的光影前，用"污点修复画笔工具" ✐和"仿制图章工具" ♨修复产品中的杂点，修复效果如图10-45所示。

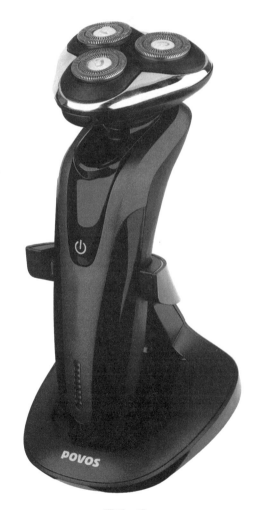

图10-45

┌─ Tips ┐

　　"仿制图章工具" ♨可以用来修复瑕疵，改变光影关系。在使用"仿制图章工具" ♨和"污点修复画笔工具" ✐时，都可以在新建图层上面进行，只是在使用这两个工具之前需要在工具选项栏中分别将两个工具调成"当前和下方图层" 样本：当前和下方图层 ⊟和"对所有图层取样" ☑对所有图层取样 样式。

02 用"钢笔工具" 在底座上面绘制一个形状，效果如图10-46所示。添加图层蒙版，用"画笔工具" 着重对形状的下端进行涂抹，效果如图10-47所示。完成后的整体效果如图10-48所示。

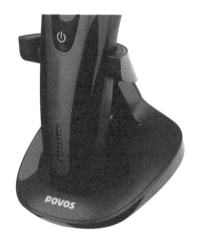

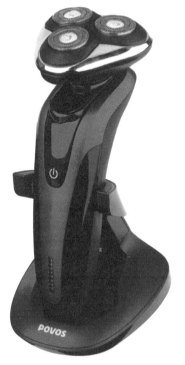

图10-46　　　　　　　　　　图10-47　　　　　　　　　　图10-48

03 用"画笔工具"（设置硬度为0，前景色为深色且趋近于黑色，不透明度为50%左右）在底座边缘进行适当涂抹，加强形状边缘的暗部效果，局部效果如图10-49所示。完成后的整体效果如图10-50所示。

Tips

在使用"画笔工具"
轻涂底座边缘时，建议
用画笔的边缘进行涂抹，
而不是用画笔的中心，因
为用画笔虚化的边缘绘
制出来的效果往往会更理
想、更自然一些。

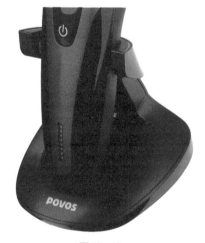

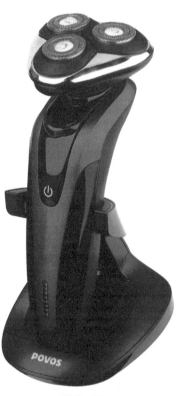

图10-49　　　　　　　　　　图10-50

04 用"钢笔工具" 在底座右侧绘制出一个形状，效果如图10-51所示。添加图层蒙版，用"画笔工具" 着重对形状的上下两端进行涂抹，效果如图10-52所示。完成之后的整体效果如图10-53所示。

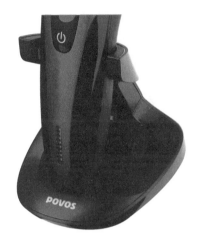

图10-51

图10-52

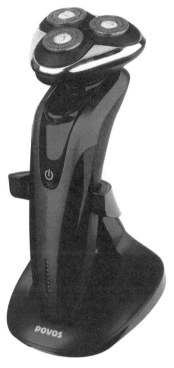

图10-53

05 添加好外围的光影之后，现在开始添加内围的光影。从左侧开始，用"钢笔工具" 在底座的内围转折面上绘制一个形状，效果如图10-54所示。在紧挨转折面的内围位置绘制一个形状，效果如图10-55所示。添加图层蒙版，用"画笔工具" 轻轻涂抹内围与外围衔接的地方，效果如图10-56所示。完成后的整体效果如图10-57所示。

图10-54

图10-55

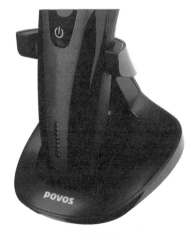

图10-56

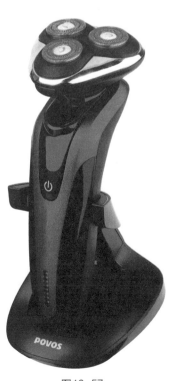

图10-57

06 绘制完底座左侧的光影之后，现在来绘制右侧。用"钢笔工具" ✍️在内围的右侧边缘绘制一个形状，效果如图10-58所示。添加图层蒙版，用"画笔工具" ✏️适当涂抹硬边，效果如图10-59所示。完成之后的整体效果如图10-60所示。

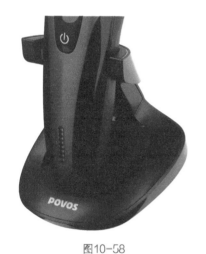

图10-58

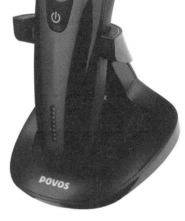

图10-59

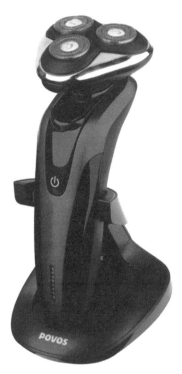

图10-60

07 用"钢笔工具" ✍️在内围右侧靠后的地方绘制一个形状，效果如图10-61所示。执行"窗口/属性"菜单命令，在"属性"面板中调整"羽化"值，效果如图10-62所示。完成后的整体效果如图10-63所示。

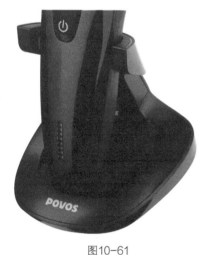

图10-61

图10-62

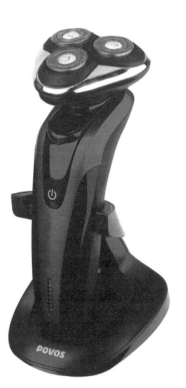

图10-63

08 绘制底座支柄部分的光影。从右侧开始，用"钢笔工具" ✐ 在支柄底部的右侧绘制一个形状，效果如图10-64所示。打开"图层"面板，将图层的"混合模式"设为"柔光"，效果如图10-65所示，执行"窗口/属性"菜单命令，在"属性"面板中调整"羽化"值，效果如图10-66所示，完成后的整体效果如图10-67所示。

图10-64

图10-65

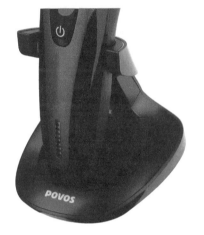

图10-66

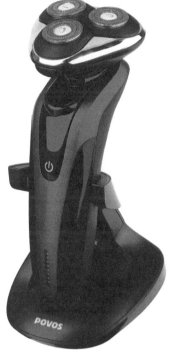

图10-67

09 用"钢笔工具" ✐ 在支柄右侧的中间区域绘制一个形状，效果如图10-68所示。添加图层蒙版，用"画笔工具" ✎ 对形状进行适当的涂抹处理，效果如图10-69所示。完成后的整体效果如图10-70所示。

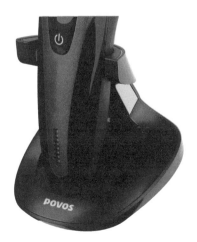

图10-68

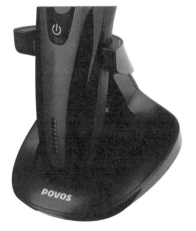

图10-69

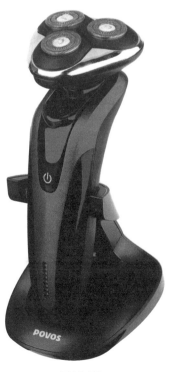

图10-70

10 仔细观察支柄右侧，会发现有个衔接线，且这个位置偏暗。用"钢笔工具" 在衔接线位置绘制一个形状，效果如图10-71所示。执行"窗口/属性"菜单命令，在"属性"面板中调整"羽化"值，效果如图10-72所示。完成后的整体效果如图10-73所示。

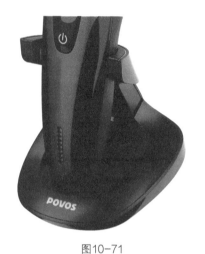

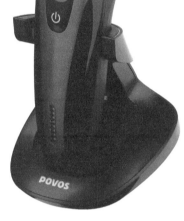

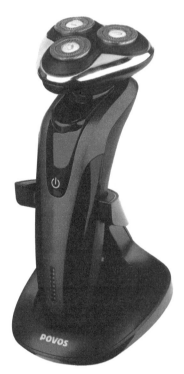

图10-71   图10-72   图10-73

11 用"钢笔工具" 在支柄柄头的外侧绘制一个形状，效果如图10-74所示。执行"窗口/属性"菜单命令，在"属性"面板中调整"羽化"值，效果如图10-75所示。完成后的整体效果如图10-76所示。

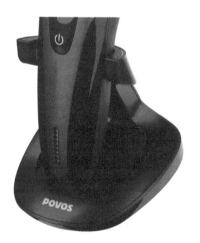

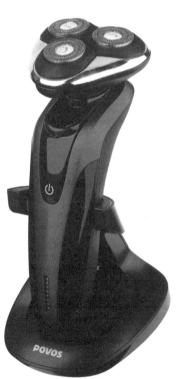

图10-74   图10-75   图10-76

12 加深上一步绘制好的暗部形状，用"钢笔工具" 继续在暗部位置绘制一个形状，效果如图10-77所示。执行"窗口/属性"菜单命令，在"属性"面板中调整"羽化"值，效果如图10-78所示。完成后的整体效果如图10-79所示。

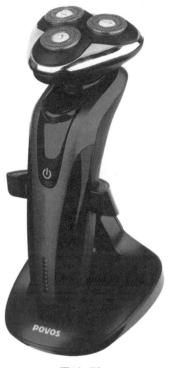

图10-77

图10-78

图10-79

13 用"钢笔工具" 在支柄柄头处绘制出一个形状，效果如图10-80所示。添加图层蒙版，用"画笔工具" 对该形状做适当涂抹处理，效果如图10-81所示。完成后的整体效果如图10-82所示。

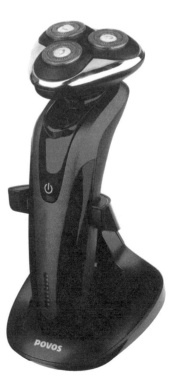

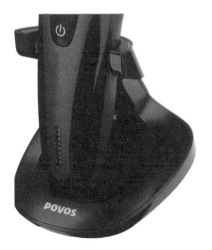

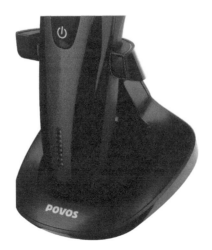

图10-80

图10-81

图10-82

14 在上一步绘制的位置，由于底座拖着机身，机身会在支柄上有投影，所以这个地方会有些偏暗，继续加强效果。用"钢笔工具" ✒️绘制一个形状，如图10-83所示。执行"窗口/属性"菜单命令，在"属性"面板中调整"羽化"值，效果如图10-84所示。完成后的整体效果如图10-85所示。

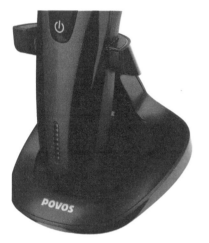

图10-83

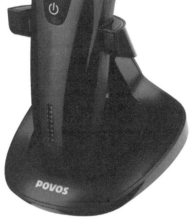

图10-84

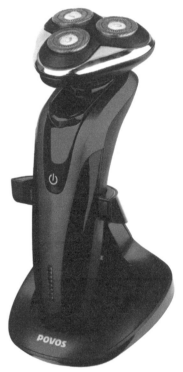

图10-85

15 在支柄的左端也需要添加一些光影。用"钢笔工具" ✒️在左边的支柄上绘制一个形状，如图10-86所示。添加图层蒙版，用"画笔工具" ✏️对形状偏下的位置进行适当涂抹，效果如图10-87所示。完成后的整体效果如图10-88所示。

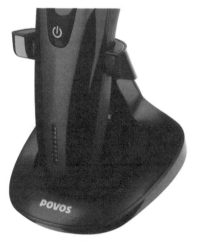

图10-86

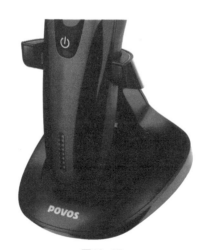

图10-87

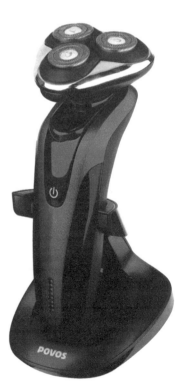

图10-88

10.4.2 添加底座部分的光影细节

01 用"钢笔工具" 在底座右边内侧绘制一个形状，如图10-89所示。添加图层蒙版，用"画笔工具" 着重对形状进行适当涂抹处理，效果如图10-90所示。完成后的整体效果如图10-91所示。

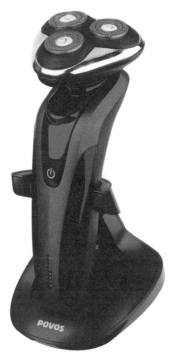

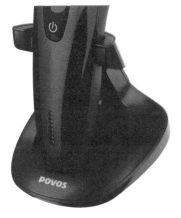

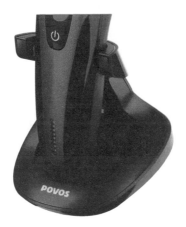

图10-89　　　　　　　图10-90　　　　　　　图10-91

02 在底座右侧边缘再添加一些细节。用"钢笔工具" 在底座右侧边缘绘制一个形状，如图10-92所示。适当调整其不透明度，效果如图10-93所示。完成后的整体效果如图10-94所示。

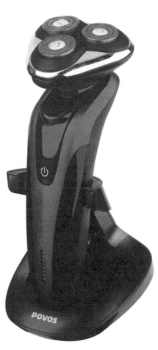

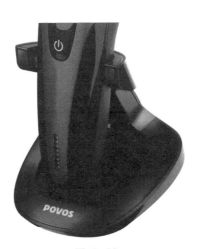

图10-92　　　　　　　图10-93　　　　　　　图10-94

> **Tips**
>
> 　将该细节添加好之后，如果觉得哪里看着不舒服，可以马上调整，如果暂时找不出什么不妥之处，可以把所有细节都添加好之后，再进行调整。

03 底座后方的转折处较亮，需要强调一下。用"画笔工具" ✐ 在该处绘制一个形状，效果如图10-95所示。添加图层蒙版，同样用"画笔工具" ✐ 对形状做适当涂抹处理，效果如图10-96所示。完成后的整体效果如图10-97所示。

图10-95

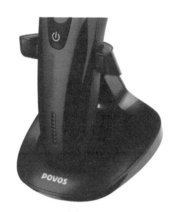

图10-96

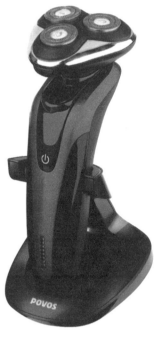

图10-97

04 从受光情况来分析，由于产品上方有一盏灯，所以底座正面会受光，且较为强烈。用"钢笔工具" ✐ 在底座正前方绘制一个形状，效果如图10-98所示。把该图层的"混合模式"设为"柔光"，效果如图10-99所示。此时觉得效果边缘过于硬朗，所以添加图层蒙版，用"画笔工具" ✐ 着重对形状的边缘进行涂抹处理，效果如图10-100所示。完成后的整体效果如图10-101所示。

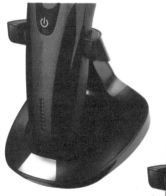

图10-98

图10-99

图10-100

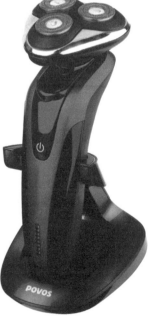

图10-101

05 到了这一步，底座的细节添加差不多了。现在仔细观察，发现底座右下角的反光还不够亮，所以这里用"画笔工具" ✎在该位置偏左的边缘处绘制一些较亮的效果，如图10-102所示。完成后的整体效果如图10-103所示。

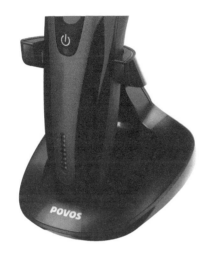

图10-102

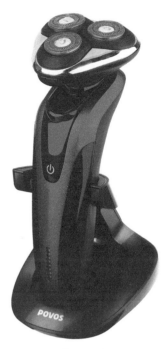

图10-103

06 添加完整体效果之后，发现底座右侧边缘还不够亮。用"钢笔工具" ✎在底座右侧边缘位置绘制一个较亮的形状，效果如图10-104所示。适当调整其不透明度，效果如图10-105所示。之后执行"窗口/属性"菜单命令，在"属性"面板中适当调整其"羽化"值，效果如图10-106所示。整体效果如图10-107所示。

图10-104

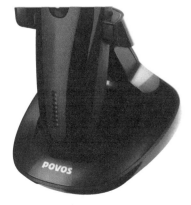

图10-105

图10-106

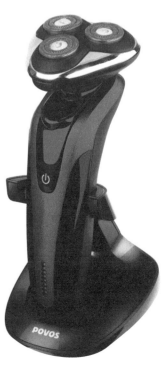

图10-107

07 继续观察，发现在底座前端亮部的缝隙边缘有一道高光，需要强调出来。用"钢笔工具" ✍️ 在缝隙边缘位置绘制一个形状，效果如图10-108所示，整体效果如图10-109所示。

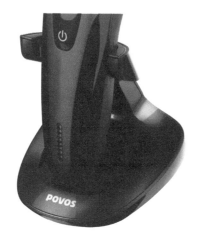 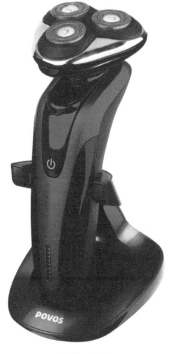

⬦ **Tips** ⬦

　　在该步骤进行绘制时，注意缝隙的地方有一个凹进去的面，而凹进去的面应该是暗部，同时在暗部和亮部的交接处却是最亮的，所以这里需要将其强调出来。

图10-108　　　　　　　　　　　　　图10-109

10.4.3　绘制刀头部分的光影

01 仔细观察刀头，发现原本的刀头上杂点较多，但此时若用"修补工具" 🩹 或"仿制图章工具" 🖈 来清除的话，工作量将非常大，因此这里用"填充中间色"的方式来进行处理。用"钢笔工具" ✍️ 沿着刀头部分右侧边缘绘制一个形状，并填充中间色黑色，效果如图10-110所示。完成之后仔细观察，该处的反光较强烈，所以继续在对应区域绘制一个形状，如图10-111所示。执行"窗口/属性"菜单命令，在"属性"面板中调整"羽化"值，如图10-112所示。整体效果如图10-113所示。

图10-110　　　　　　　　　　　　　图10-111

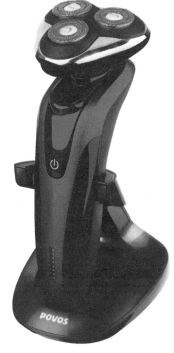

图10-112　　　　　　　　　　图10-113

02 继续在原位置绘制一个较亮一些的形状，如图10-114所示。在"属性"面板中调整"羽化"值，如图10-115所示。接着添加图层蒙版，用"画笔工具" ✎ 对形状的两边进行适当涂抹，强调反光效果，如图10-116所示，整体效果如图10-117所示。

图10-114

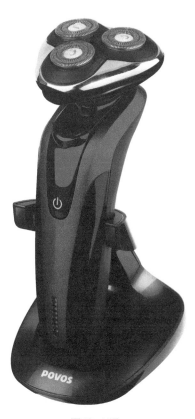

图10-115　　　　　　　　图10-116　　　　　　　　　图10-117

03 由于剃须刀是可以拆卸的，因此在剃须刀与塑料部分的衔接处会有一个凹槽，需要表现出来。用"钢笔工具" 🖊
在刀头部分靠前端与塑料部分的衔接处绘制一个较暗一些的形状，如图10-118所示。在偏下一点的位置绘制一个较亮
一些的形状，效果如图10-119所示。接着添加图层蒙版，用"画笔工具" 🖌将较亮一些的形状的左侧边缘部分适当
涂抹，如图10-120所示。剃须刀都有一个清理杂屑的开口处，继续在刀
头底部的前端位置绘制一个形状，以强调效果，如图10-121所示，整体
效果如图10-122所示。

图10-118   图10-119

图10-120   图10-121   图10-122

04 为凹槽添加一些光影细节。用"钢笔工具" 🖊在上一步绘制的较亮形状的右端绘制一个形状，如图10-123所
示。执行"窗口/属性"菜单命令，在"属性"面板中调整"羽化"值，如图10-124所示。继续在刀头部分开口的
右侧边缘绘制一个形状，效果如图10-125所示。绘制之后觉得刚才添加的细节不够亮，因此复制刚才的图层并进
行叠加，如图10-126所示。完成后的整体效果如图10-127所示。

图10-123   图10-124   图10-125

图10-126

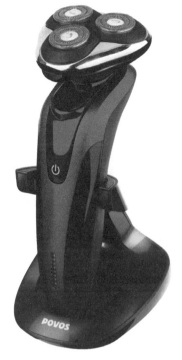

图10-127

05 沿着剃须刀上面的金属部分和下面塑料部分的衔接位置添加一些光影。在添加之前先将金属部分的图层隐藏，效果如图10-128所示。用"钢笔工具" ✐绘制一个形状，效果如图10-129所示。接着执行"窗口/属性"菜单命令，在"属性"面板中调整"羽化"值，效果如图10-130所示。完成之后使金属部分的图层可见，效果如图10-131所示。完成后的整体效果如图10-132所示。

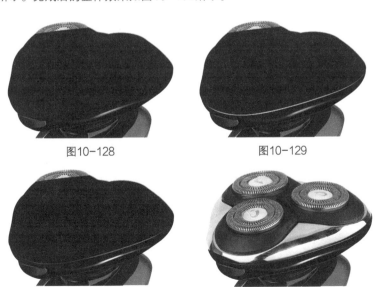

图10-128

图10-129

图10-130

图10-131

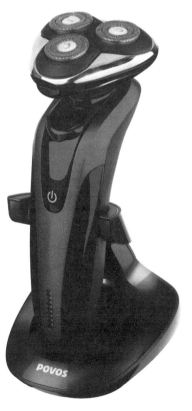

图10-132

10.4.4 添加刀头部分的光影细节

01 用"钢笔工具" ✎在刀头顶部的平面区域绘制一个形状，如图10-133所示。在"图层"面板中将"混合模式"设为"叠加"，如图10-134所示。接着在刀头顶部的3个圆轮部分分别绘制1个椭圆，并在蒙版上填充黑色，使圆轮部分得以显示，效果如图10-135所示。完成后的整体效果如图10-136所示。

图10-133

图10-134

图10-135

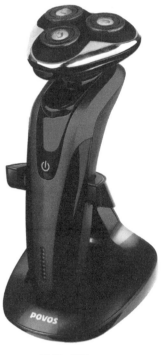

图10-136

02 在左侧圆轮上绘制一个形状，效果如图10-137所示，整体效果如图10-138所示。

图10-137

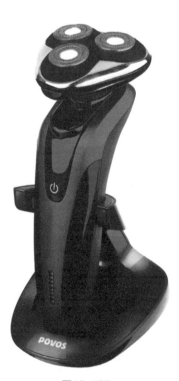

图10-138

⊲| **Tips** |▷

在该步骤绘制时，发现产品的刀头部位有非常多的杂点，所以这里需要直接添加一个底色来掩盖上面的杂点。如果用"修补工具" ◉或"仿制图章工具" ▲去修，处理这么多的杂点是一件非常麻烦的事情。

03 在右侧的圆轮上绘制一个形状，如图10-139所示。绘制一个较亮的形状，作为高光，如图10-140所示。添加图层蒙版，用"画笔工具" ✎ 着重对高光形状进行适当的涂抹处理，效果如图10-141所示，整体效果如图10-142所示。

图10-139

图10-140

图10-141

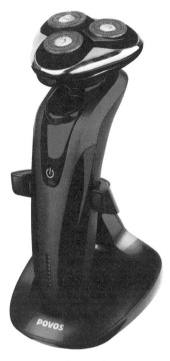

图10-142

04 观察前边添加的圆轮效果，发现最前面的圆轮效果显得有点平，需要添加一些光影。用"钢笔工具" ✎ 绘制一个形状，如图10-143所示。执行"窗口/属性"菜单命令，在"属性"面板中调整"羽化"值，作为暗部效果，如图10-144所示。接着在圆轮上绘制一个形状，如图10-145所示。在"图层"面板中适当调整其不透明度，效果如图10-146所示。执行"窗口/属性"菜单命令，在"属性"面板中调整其"羽化"值，作为亮部效果，如图10-147所示，整体效果如图10-148所示。

图10-143

图10-144

图10-145

图10-146

图10-147   图10-148

05 在上一步绘制的图形左侧边缘绘制一个形状，效果如图10-149所示。
执行"窗口/属性"菜单命令，在"属性"面板中调整"羽化"值，效果如
图10-150所示。添加图层蒙版，用"画笔工具" ✎着重对形状进行适当的
涂抹处理，如图10-151所示。完成后的整体效果如图10-152所示。

图10-149

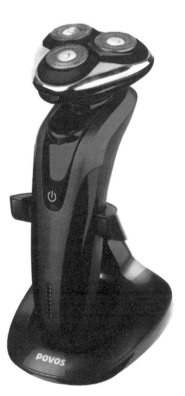

图10-150   图10-151   图10-152

06 绘制刀头部分与金属部分衔接处的凹槽效果。用"钢笔工具" 在刀头部分与金属部分的衔接位置绘制一个形状，效果如图10-153所示。执行"窗口/属性"菜单命令，在"属性"面板中调整"羽化"值，效果如图10-154所示，整体效果如图10-155所示。

图10-153

图10-154

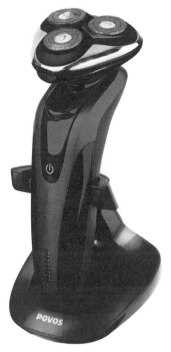

图10-155

07 为刀头部分添加一些光影细节。用"钢笔工具" 在圆轮的中间位置绘制一个形状，效果如图10-156所示。执行"窗口/属性"菜单命令，在"属性"面板中调整"羽化"值，效果如图10-157所示，整体效果如图10-158所示。

图10-156

图10-157

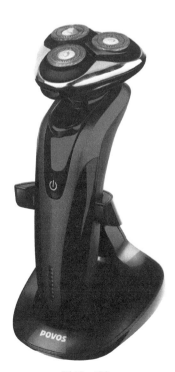

图10-158

08 继续用"钢笔工具" [图标]在右侧圆轮的转折面边缘绘制一个形状，效果如图10-159所示。执行"窗口/属性"菜单命令，在"属性"面板中调整"羽化"值，效果如图10-160所示。接着在右侧圆轮靠后方的位置绘制一个形状，效果如图10-161所示。适当进行羽化处理，效果如图10-162所示，整体效果如图10-163所示。

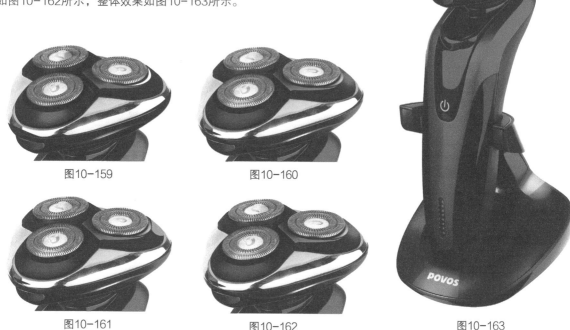

图10-159

图10-160

图10-161

图10-162

图10-163

09 继续添加细节，用"钢笔工具" [图标]在右侧圆轮的后方边缘绘制一个形状，效果如图10-164所示。执行"窗口/属性"菜单命令，在"属性"面板中调整"羽化"值，效果如图10-165所示。接着在金属边缘绘制一个形状，效果如图10-166所示。同时在"图层"面板中将"混合模式"设为"柔光"，效果如图10-167所示。完成之后添加图层蒙版，用"画笔工具" [图标]着重对形状进行适当的涂抹处理，如图10-168所示。觉得整体效果还不够亮，因此复制一层并叠加进去，效果如图10-169所示，整体效果如图10-170所示。

图10-164

图10-165

图10-166

◁ **Tips** ▷

在修图工作中，许多地方都会用到柔光处理，这是一个很好的"混合模式"的处理方式。对于产品的柔光处理，既可以对产品起到减淡的作用，也可以起到加深的作用，而在需要减淡的地方通常可以直接绘制一个白色形状，然后直接将其图层的"混合模式"设为"柔光"即可。

图10-167

图10-168

图10-169

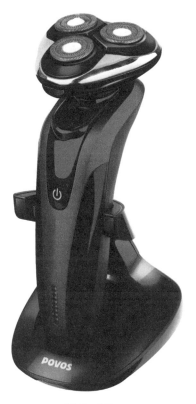

图10-170

10 给最前面的刀头金属边缘添加一些高光效果。用"钢笔工具" 在金属边缘绘制一个形状，效果如图10-171所示。将图层的"混合模式"设为"柔光"，效果如图10-172所示。完成之后复制一层并进行叠加，效果如图10-173所示。接着用"钢笔工具" 在金属边缘位置绘制一个形状，效果如图10-174所示。将图层的"混合模式"设为"柔光"，效果如图10-175所示。执行"窗口/属性"菜单命令，在"属性"面板中调整"羽化"值，效果如图10-176所示。添加图层蒙版，用"画笔工具" 对形状进行适当涂抹处理，效果如图10-177所示。完成后的整体效果如图10-178所示。

图10-171

图10-172

图10-173

图10-174

图10-175

图10-176

图10-177

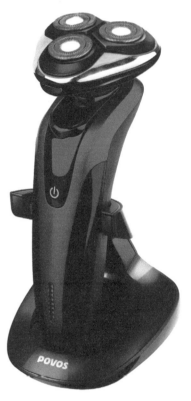

图10-178

11 到这一步，还可以给金属边缘添加一些细节。用"钢笔工具" 在右侧圆轮的左侧边缘绘制一个形状，效果如图10-179所示。执行"窗口/属性"菜单命令，在"属性"面板中调整"羽化"值，效果如图10-180所示。接着用"钢笔工具" 在右侧圆轮的下方边缘绘制一个形状，效果如图10-181所示。添加图层蒙版，用"画笔工具" 对形状做适当涂抹处理，效果如图10-182所示，整体效果如图10-183所示。

图10-179

图10-180

图10-181

图10-182

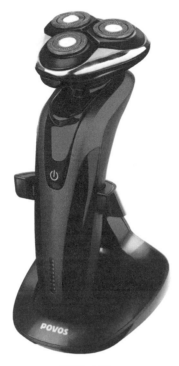

图10-183

12 此时发现左侧圆轮的细节还不够，需要细化。用"钢笔工具" ✐ 在左侧圆轮的前方边缘绘制一个形状，效果如图10-184所示。将图层的"混合模式"设为"柔光"，效果如图10-185所示。在原位置绘制一个形状，以还原圆轮本身的颜色，效果如图10-186所示。完成后的效果如图10-187所示。

图10-184

图10-185

图10-186

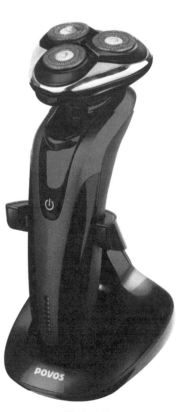

图10-187

13 为金属部分添加一些暗部和亮部效果，以加强对比。用"钢笔工具"
✐在左侧圆轮的下方边缘绘制一个形状，作为暗部效果，如图10-188所
示。在左侧圆轮的右侧边缘绘制一个形状，效果如图10-189所示。将图层
的"混合模式"设为"柔光"，作为亮部效果，如图10-190所示。整体效果
如图10-191所示。

图10-188

图10-189

图10-190

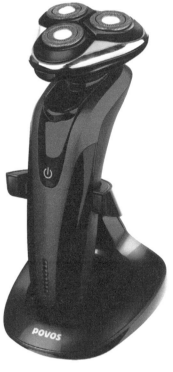

图10-191

14 添加右侧圆轮金属下方的阴影，用"钢笔工具" ✐在右侧圆轮的下方
位置绘制一个形状，效果如图10-192所示。在绘制的阴影下方绘制一个形
状，效果如图10-193所示。执行"窗口/属性"菜单命令，在"属性"面板中
调整"羽化"值，作为亮部效果，如图10-194所示。整体效果如图10-195
所示。

图10-192

图10-193

图10-194

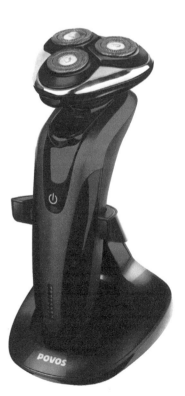

图10-195

15 调整圆轮中心的形状，使其看起来更加规范。用"椭圆工具" 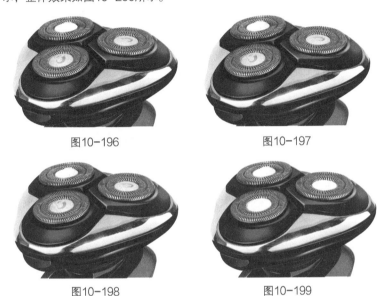 在左侧的圆轮中心绘制一个椭圆，效果如图10-196所示。将图层的"混合模式"设为"柔光"，效果如图10-197所示。执行"窗口/属性"菜单命令，在"属性"面板中调整"羽化"值，效果如图10-198所示。将该效果复制两个出来，并分别放在另外两个圆轮的中心，效果如图10-199所示，整体效果如图10-200所示。

图10-196

图10-197

图10-198

图10-199

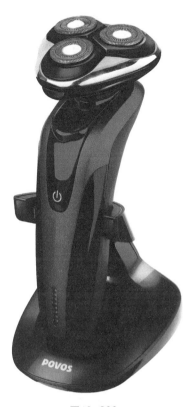

图10-200

16 加强刀头部分的凹槽效果。用"钢笔工具"  在左侧圆轮的内部绘制两个形状，作为第1个凹槽效果，如图10-201所示。在最前方圆轮的内部绘制两个形状，作为第2个凹槽效果，如图10-202所示。在右侧圆轮的内部绘制两个形状，作为第3个凹槽效果，如图10-203所示。绘制完成后的整体效果如图10-204所示。

图10-201

图10-202

图10-203

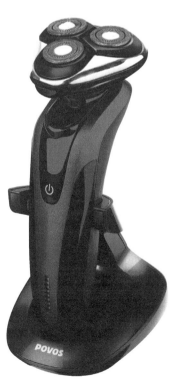

图10-204

10.4.5 完善刀头金属部分的光影细节

01 用"钢笔工具"✍在刀头部分左侧边缘绘制一个形状，效果如图10-205所示。在"图层"面板中将"混合模式"设为"柔光"，效果如图10-206所示。执行"窗口/属性"菜单命令，在"属性"面板中调整"羽化"值，效果如图10-207所示。完成后的整体效果如图10-208所示。

图10-205

图10-206

图10-207

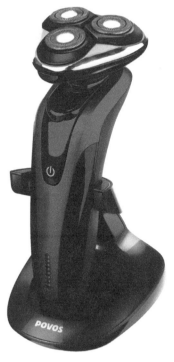

图10-208

02 继续用"钢笔工具"✍在刀头部分左侧绘制一个形状，效果如图10-209所示。添加图层蒙版，用"画笔工具"✍对形状做适当涂抹处理，效果如图10-210所示。完成后的整体效果如图10-211所示。

> **Tips**
>
> 这个面应该是不受光的，而且它是一个由亮部向暗部转折的面，所以边缘部分会很亮，但不能太过。这里需要用图层蒙版方式将其处理得自然一些才合适。

图10-209

图10-210

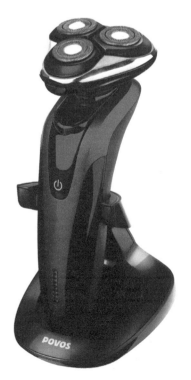

图10-211

03 绘制好刀头部分左侧的光影细节后，接下来绘制右侧的光影细节。用"钢笔工具" ✐ 在刀头部分右侧绘制一个形状，效果如图10-212所示。执行"窗口/属性"菜单命令，在"属性"面板中调整"羽化"值，效果如图10-213所示，整体效果如图10-214所示。

> **◁ Tips ▷**
> ⌐ -
> 之所以要进行这一步，是因为剃须刀顶部右侧的向内尖角部位也可以受
> 到光照，因此这里需要将它表现出来。
> - ⌐

图10-212

图10-213

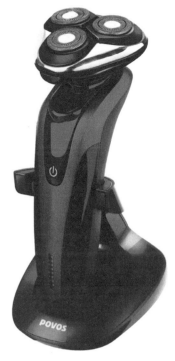
图10-214

04 将刀头金属部分整体提亮。将金属部分的图层关闭掉，效果如图10-215所示。用"钢笔工具" ✐ 在最前方圆轮的下方位置绘制一个形状，效果如图10-216所示。接着执行"窗口/属性"菜单命令，在"属性"面板中调整"羽化"值，效果如图10-217所示。之后添加图层蒙版，用"画笔工具" ✐ 对形状进行涂抹处理，效果如图10-218所示，整体效果如图10-219所示。

图10-215

图10-216

图10-217

图10-218

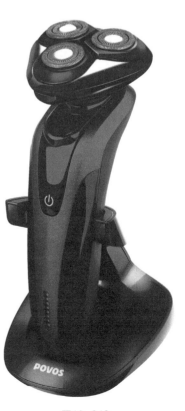
图10-219

05 为上一步绘制的亮部添加一定的过渡效果。用"钢笔工具" ✍在最前面的圆轮的下方绘制一个形状,效果如图10-220所示。将图层的"混合模式"设为"柔光",效果如图10-221所示。之后执行"窗口/属性"菜单命令,在"属性"面板中调整"羽化"值,效果如图10-222所示。将绘制的效果复制一层,并原位叠加进去,效果如图10-223所示。完成后的整体效果如图10-224所示。

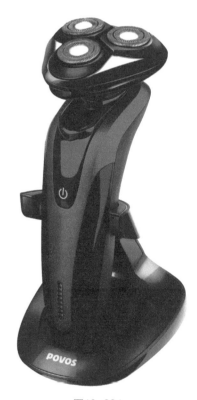

图10-220   图10-221

图10-222   图10-223

图10-224

06 添加转折面的亮部效果。用"钢笔工具" ✍在刀头部分右侧的转折面位置绘制一个形状,效果如图10-225所示。在"图层"面板中将"混合模式"设为"柔光",效果如图10-226所示。接着用"画笔工具"在该位置进行适当涂抹,使其变得更亮,效果如图10-227所示。选中用画笔绘制的效果的所在图层,在"图层"面板中将"混合模式"设为"柔光",效果如图10-228所示。完成后的整体效果如图10-229所示。

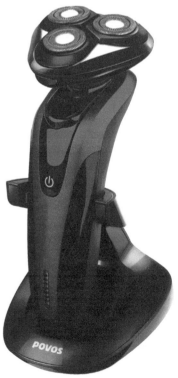

图10-225   图10-226

图10-227   图10-228

图10-229

07 此时发现上一步绘制的效果的上方还不够亮，需要强化。用"钢笔工具" 在上一步绘制好的效果的上方处绘制一个形状，效果如图10-230所示。执行"窗口/属性"菜单命令，在"属性"面板中调整"羽化"值，效果如图10-231所示。在"图层"面板中将该图层的"混合模式"设为"柔光"，效果如图10-232所示。将该效果复制一层并叠加进去，效果如图10-233所示。完成后的整体效果如图10-234所示。

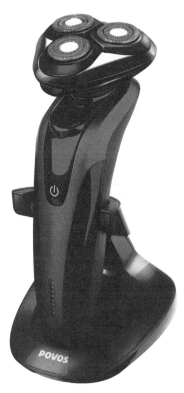

图10-230   图10-231

图10-232   图10-233

图10-234

08 仔细观察，在刀头部分右侧刀片转折面与顶部平面衔接的地方有一道高光，需要表现出来。用"钢笔工具" 在刀头部分右侧的转折面与顶部平面衔接的地方绘制一个形状，如图10-235所示。执行"窗口/属性"菜单命令，在"属性"面板中调整"羽化"值，效果如图10-236所示。完成后的整体效果如图10-237所示。

> ◁**Tips**▷
>
> 通常情况下，在产品修图中，其转折的边缘容易出现高光，因此需要将其强调出来。

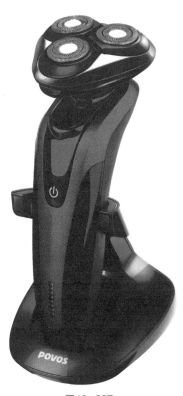

图10-235   图10-236

图10-237

09 完成上一步之后，发现刀头部分前方添加的高光不是那么亮了，这里来强调一下。用"钢笔工具" ✐ 在最前方圆轮的下方位置绘制一个形状，效果如图10-238所示。执行"窗口/属性"菜单命令，在"属性"面板中调整"羽化"值，效果如图10-239所示。添加图层蒙版，用"画笔工具" ✐ 对形状进行适当涂抹处理，效果如图10-240所示。完成之后用"钢笔工具" ✐ 沿着刀头部分右侧靠前方的边缘绘制一个形状，效果如图10-241所示。在"图层"面板中将"混合模式"设为"柔光"，效果如图10-242所示。同时执行"窗口/属性"菜单命令，在"属性"面板中调整"羽化"值，效果如图10-243所示。完成后的整体效果如图10-244所示。

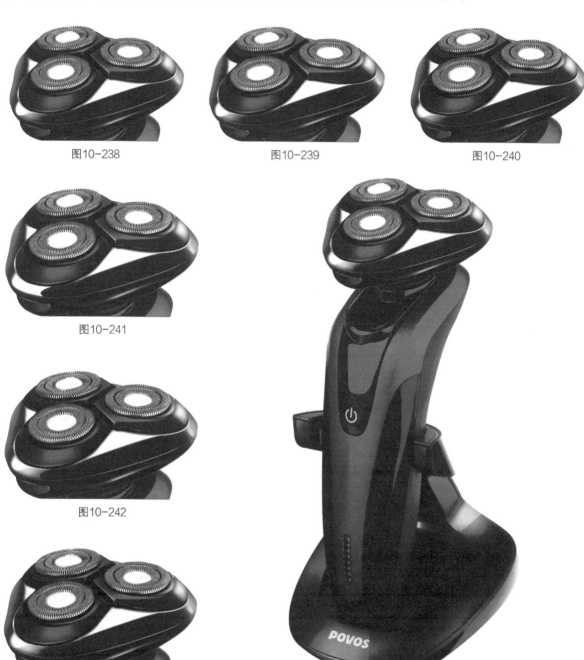

图10-238

图10-239

图10-240

图10-241

图10-242

图10-243

图10-244

10 为刀头部分靠前位置的转折面添加高光。用"钢笔工具" 在该转折面绘制一个形状，效果如图10-245所示。执行"窗口/属性"菜单命令，在"属性"面板中调整"羽化"值，效果如图10-246所示。完成后的整体效果如图10-247所示。

> ⟨ **Tips** ⟩
>
> 　　之所以要进行这一步，是为了对产品的亮部起到一个强调的作用，从而增加产品的立体感和真实感。

图10-245

图10-246

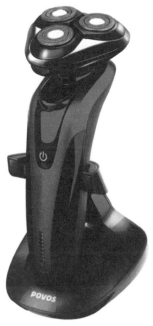

图10-247

11 为剃须刀整体添加一个中性灰图层效果。用"画笔工具" 分别在剃须刀和底座的偏暗和偏亮的部位进行适当涂抹，绘制效果如图10-248所示。应用后的上部分效果如图10-249所示。下部分的效果如图10-250所示。完成后的整体效果如图10-251所示。

图10-248

图10-249

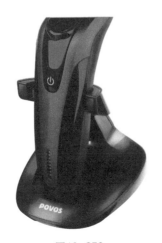

图10-250

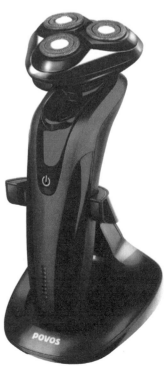

图10-251

12 完成上一步调整后，继续观察刀头部分，发现刀头底部区域的按钮和边缘部分有些暗，需要加强一下。用"钢笔工具"📝在刀头部分最前方的边缘靠下方位置绘制一个形状，效果如图10-252所示。在"图层"面板中将"混合模式"设为"柔光"，效果如图10-253所示。接着执行"窗口/属性"菜单命令，在"属性"面板中调整"羽化"值，效果如图10-254所示。完成后的整体效果如图10-255所示。

图10-252

图10-253

图10-254

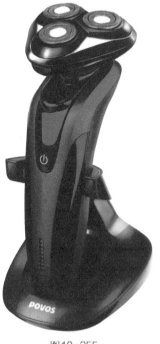

图10-255

13 继续用"钢笔工具"📝在刀头部分下方转折面的位置绘制一个形状，效果如图10-256所示。在"图层"面板中将"混合模式"设为"柔光"，效果如图10-257所示。执行"窗口/属性"菜单命令，在"属性"面板中适当调整"羽化"值，效果如图10-258所示。完成后的整体效果如图10-259所示。

图10-256

图10-257

图10-258

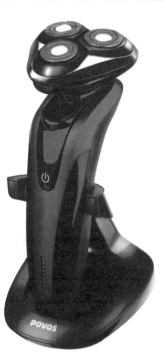

图10-259

10.4.6　完善剃须刀底座部分的光影

01 从剃须刀底座支柄部分的右侧开始，用"钢笔工具" 在底座右侧支柄部分绘制一个形状，效果如图10-260所示。在"图层"面板中将"混合模式"设为"柔光"，效果如图10-261所示。添加图层蒙版，用"画笔工具" 着重对形状的下端进行涂抹处理，效果如图10-262所示。接着执行"窗口/属性"菜单命令，在"属性"面板中调整"羽化"值，效果如图10-263所示。用"钢笔工具" 在支柄右侧绘制一个形状，效果如图10-264所示。在"图层"面板中将"混合模式"设为"柔光"。整体效果如图10-265所示。

图10-260

图10-261

图10-262

图10-263

图10-264

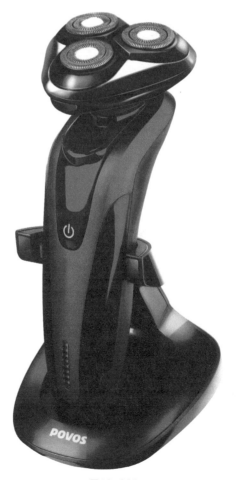

图10-265

02 添加底座左侧部分的亮部光影。用"钢笔工具" 在底座左侧支柄部分绘制一个形状，效果如图10-266所示。添加图层蒙版，用"画笔工具" 对形状的下端进行适当涂抹，效果如图10-267所示。接着用"钢笔工具" 在该形状偏上的位置绘制一个较小的形状，效果如图10-268所示。添加图层蒙版，用"画笔工具" 着重对形状的左端进行涂抹，效果如图10-269所示。完成后的整体效果如图10-270所示。

图10-266

图10-267

图10-268

图10-269

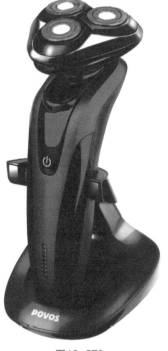

图10-270

03 将上一步完成之后，接下来着重绘制底座缝隙处的光影效果。用"钢笔工具" 在底座靠左的缝隙处绘制一个形状，效果如图10-271所示。在"图层"面板中将"混合模式"设为"柔光"，效果如图10-272所示。接着用"钢笔工具" 在底座底部的缝隙处绘制一个形状，效果如图10-273所示。用"钢笔工具" 在底座底部的边缘处绘制一个形状，效果如图10-274所示。在"图层"面板中将该图层的"混合模式"设为"柔光"，效果如图10-275所示。完成后的整体效果如图10-276所示。

图10-271

图10-272

图10-273

图10-274

图10-275

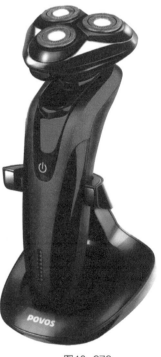

图10-276

04 添加底座前端的亮部光影细节。用"钢笔工具" ✐ 在底座的最前端绘制一个形状，效果如图10-277所示。添加图层蒙版，用"画笔工具" ✐ 对形状进行适当的涂抹处理，效果如图10-278所示。接着在底座靠左侧的位置绘制一个形状，效果如图10-279所示。添加图层蒙版，用"画笔工具" ✐ 对形状进行适当的涂抹处理，效果如图10-280所示。在底座的右侧绘制一个形状，效果如图10-281所示。完成之后添加图层蒙版，用"画笔工具" ✐ 对形状进行适当的涂抹处理，效果如图10-282所示。完成后的整体效果如图10-283所示。

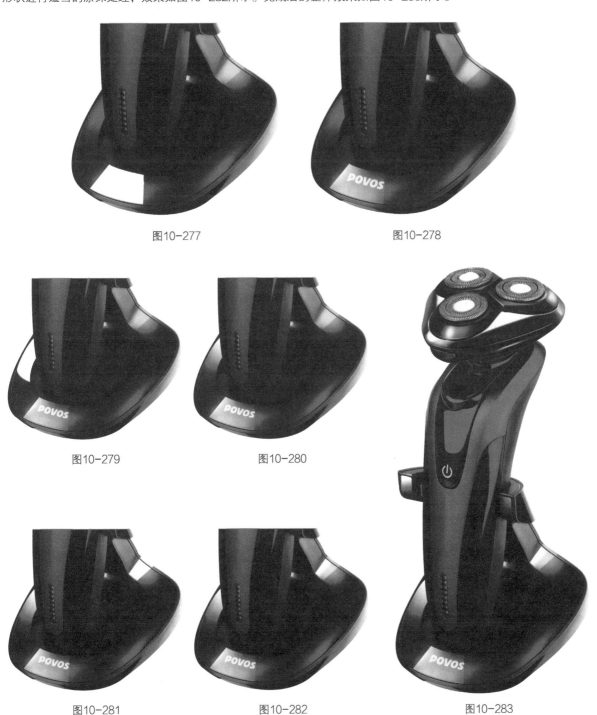

图10-277　　　　　　　　　　　　　　　图10-278

图10-279　　　　　　　　　　　　　　　图10-280

图10-281　　　　　　　　图10-282　　　　　　　　图10-283

10.4.7 绘制机身部分的光影

01 在给机身添加光影之前，先将机身上瑕疵比较明显的部位处理一下。用"钢笔工具" ![icon]在机身与刀头部分衔接的位置（如图10-284所示）绘制一个形状，将该区域遮盖住，遮盖后的效果如图10-285所示。

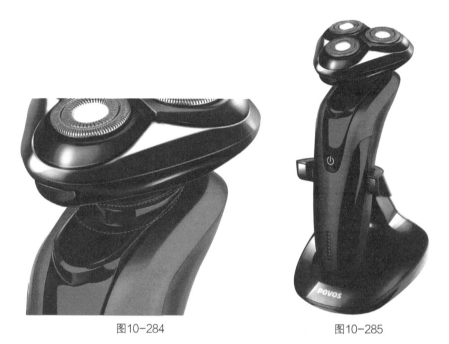

图10-284   图10-285

02 接下来开始给机身添加一些光影。从机身右侧的缝隙处开始，用"钢笔工具" ![icon]在机身右侧偏下的位置绘制一个形状，效果如图10-286所示。添加图层蒙版，用"画笔工具" ![icon]着重对形状的上下两端进行适当的涂抹处理，作为高光，效果如图10-287所示。接着在该形状的左侧绘制一个较暗的形状，作为暗部效果，如图10-288所示。完成之后在暗部形状的左侧绘制一个较亮的形状，作为过渡，效果如图10-289所示。完成后的整体效果如图10-290所示。

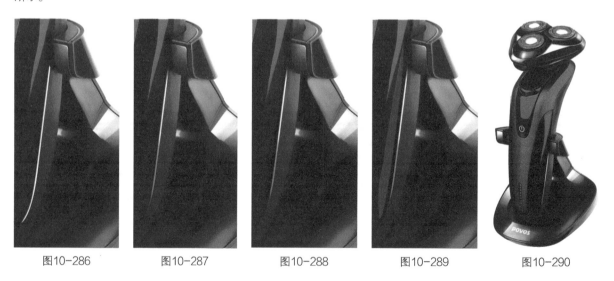

图10-286   图10-287   图10-288   图10-289   图10-290

03 用"钢笔工具" 🖊 在高光的右侧绘制一个形状，效果如图10-291所示。执行"窗口/属性"菜单命令，在"属性"面板中调整"羽化"值，作为过渡，效果如图10-292所示。接着在过渡效果的右侧绘制一个较亮的形状，效果如图10-293所示。完成之后执行"窗口/属性"菜单命令，在"属性"面板中调整"羽化"值，效果如图10-294所示。添加图层蒙版，用"画笔工具" 🖌 着重对形状的上下两端进行适当的涂抹处理，效果如图10-295所示。完成后的整体效果如图10-296所示。

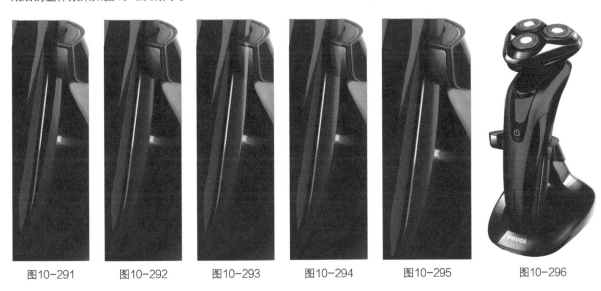

图10-291　　　图10-292　　　图10-293　　　图10-294　　　图10-295　　　图10-296

04 绘制机身偏上位置的光影。用"钢笔工具" 🖊 在上一步绘制效果的上部区域绘制一个形状，效果如图10-297所示。执行"窗口/属性"菜单命令，在"属性"面板中调整"羽化"值，效果如图10-298所示。接着在该位置绘制一个较细的形状，效果如图10-299所示。在该形状偏下端的位置绘制一个与其亮度差不多的形状，效果如图10-300所示。对该形状做适当的羽化处理，效果如图10-301所示。添加图层蒙版，用"画笔工具" 🖌 对该形状做适当的涂抹处理，效果如图10-302所示。完成后的整体效果如图10-303所示。

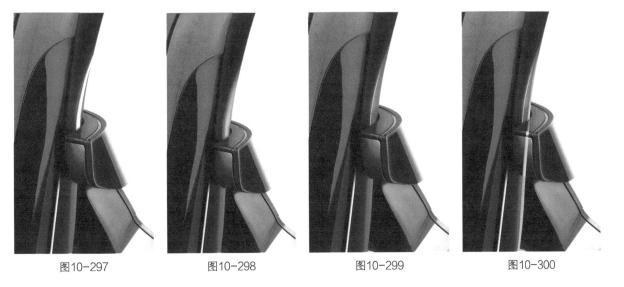

图10-297　　　　　图10-298　　　　　图10-299　　　　　图10-300

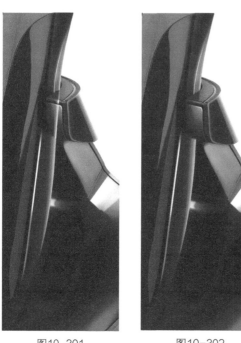

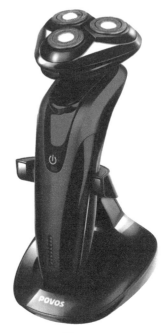

图10-301　　　　　　　　　　图10-302　　　　　　　　　　图10-303

05 给机身偏左侧的边缘部分添加反光。用"钢笔工具" ⬚ 沿着机身左侧偏下的边缘绘制一个形状，效果如图10-304所示。执行"窗口/属性"菜单命令，在"属性"面板中调整"羽化"值，效果如图10-305所示。完成后的整体效果如图10-306所示。

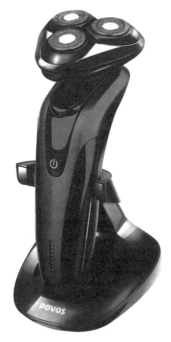

图10-304　　　　　　　　　　图10-305　　　　　　　　　　图10-306

06 绘制机身右侧暗部区域。用"钢笔工具" 在机身右侧的黑色部分绘制一个形状，效果如图10-307所示。执行"窗口/属性"菜单命令，在"属性"面板中调整"羽化"值，效果如图10-308所示。接着添加图层蒙版，用"画笔工具" 对形状进行适当的涂抹处理，效果如图10-309所示。完成后的整体效果如图10-310所示。

图10-307

图10-308

图10-309

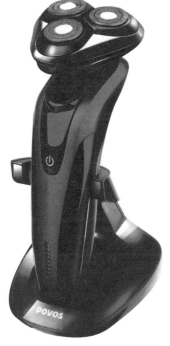

图10-310

07 绘制机身右侧的亮部效果。用"钢笔工具" 在机身的右侧位置绘制一个形状，效果如图10-311所示。执行"窗口/属性"菜单命令，在"属性"面板中调整"羽化"值，效果如图10-312所示。接着添加图层蒙版，用"画笔工具" 着重对形状的左下端进行涂抹处理，效果如图10-313所示，整体效果如图10-314所示。

图10-311

图10-312

图10-313

图10-314

08 沿着机身右侧红色部分与黑色部分衔接处绘制一个较细的形状，效果如图10-315所示。执行"窗口/属性"菜单命令，在"属性"面板中调整"羽化"值，效果如图10-316所示。接着添加图层蒙版，用"画笔工具" ✎ 对形状进行适当的涂抹处理，效果如图10-317所示。完成之后沿着原位置继续绘制一个形状，效果如图10-318所示。添加图层蒙版，用"画笔工具" ✎ 着重对形状的下端进行涂抹处理，强调亮部效果，如图10-319所示。完成后的整体效果如图10-320所示。

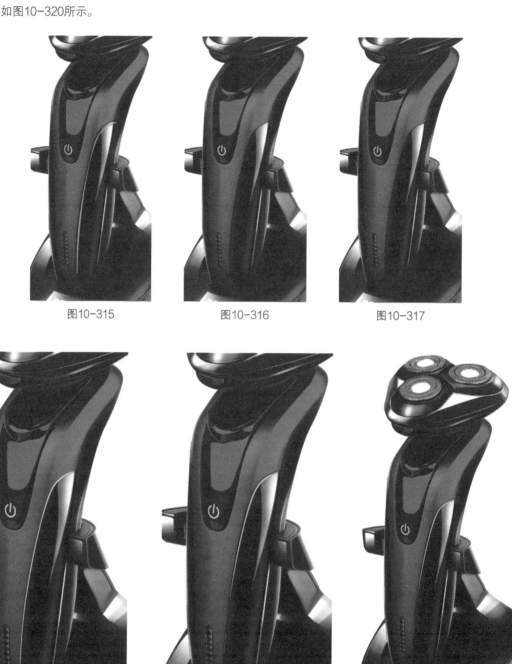

图10-315　　　　　　　　　　　图10-316　　　　　　　　　　　图10-317

图10-318　　　　　　　　　　　图10-319　　　　　　　　　　　图10-320

09 在上一步绘制好的效果的右侧绘制一个亮部形状，效果如图10-321所示。执行"窗口/属性"菜单命令，在"属性"面板中调整"羽化"值，效果如图10-322所示。接着在该位置绘制一个较细一些的形状，效果如图10-323所示。添加图层蒙版，用"画笔工具" 🖌对形状做适当的涂抹处理，效果如图10-324所示。完成后的整体效果如图10-325所示。

图10-321

图10-322

图10-323

图10-324

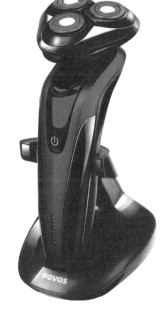
图10-325

10 刻画细节。用"钢笔工具" ✒在机身右侧边缘绘制一个形状，效果如图10-326所示。执行"窗口/属性"菜单命令，在"属性"面板中调整"羽化"值，效果如图10-327所示。完成后的整体效果如图10-328所示。

图10-326

图10-327

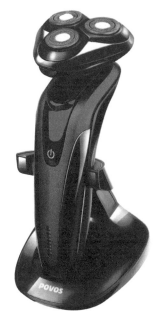
图10-328

11 将机身右侧部分的光影绘制好之后，接下来绘制左侧部分的光影。用"钢笔工具" ✎沿着左侧红色结构边缘绘制一个形状，效果如图10-329所示。添加图层蒙版，用"画笔工具" ✐对形状做适当的涂抹处理，使其效果看起来更亮一些，如图10-330所示。完成后的整体效果如图10-331所示。

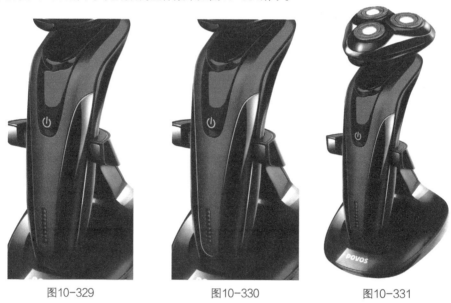

图10-329　　　　　　　　　　图10-330　　　　　　　　　　图10-331

12 绘制机身底部凹槽部位的光影。用"钢笔工具" ✎在凹槽部位的左侧绘制一个较细的形状，效果如图10-332所示。执行"窗口/属性"菜单命令，在"属性"面板中调整"羽化"值，效果如图10-333所示。接着在凹槽部位的右侧绘制一个较粗的形状，效果如图10-334所示。在"图层"面板中将该图层的"混合模式"设为"柔光"，效果如图10-335所示。对形状做适当的羽化处理，效果如图10-336所示。完成后的整体效果如图10-337所示。

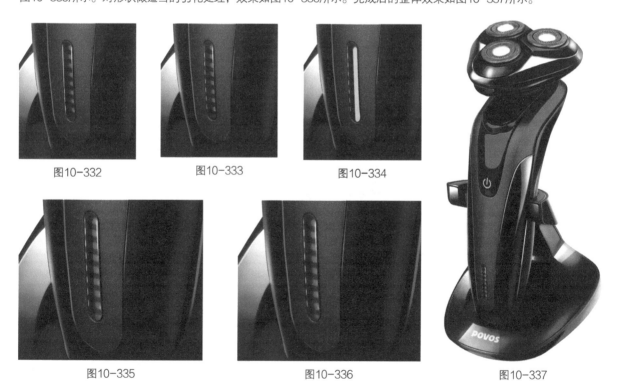

图10-332　　　　　　　　图10-333　　　　　　　　图10-334

图10-335　　　　　　　　　　图10-336　　　　　　　　　　图10-337

13 继续细化凹槽部分的光影。用"钢笔工具" 在凹槽左侧位置绘制一个形状，效果如图10-338所示。在"图层"面板中将该图层的"混合模式"设为"正片叠底"，效果如图10-339所示。接着执行"窗口/属性"菜单命令，在"属性"面板中调整"羽化"值，效果如图10-340所示。在左侧边缘绘制一个形状，效果如图10-341所示。完成后的整体效果如图10-342所示。

图10-338

图10-339

图10-340

图10-341

图10-342

14 绘制机身左侧区域的光影。用"钢笔工具" 在机身左侧区域绘制一个形状，效果如图10-343所示。在"图层"面板中将该图层的"混合模式"设为"正片叠底"，效果如图10-344所示。接着执行"窗口/属性"菜单命令，在"属性"面板中调整"羽化"值，效果如图10-345所示。完成后的整体效果如图10-346所示。

图10-343

图10-344

图10-345

图10-346

15 用"钢笔工具" 沿着上一步绘制好的效果区域绘制一个偏暗的形状，效果如图10-347所示。执行"窗口/属性"菜单命令，在"属性"面板中调整"羽化"值，效果如图10-348所示。接着在机身红色部分区域偏右的转折面位置绘制一个较深的形状，效果如图10-349所示。在机身红色部分区域偏左的位置绘制一个形状，效果如图10-350所示。执行"窗口/属性"菜单命令，在"属性"面板中调整"羽化"值，效果如图10-351所示。完成后的整体效果如图10-352所示。

16 完成以上绘制之后，观察整体效果，发现凹槽区域看起来还不是很立体，需要强调一下。用"钢笔工具" 在凹槽区域绘制一个形状，效果如图10-353所示。完成后的整体效果如图10-354所示。

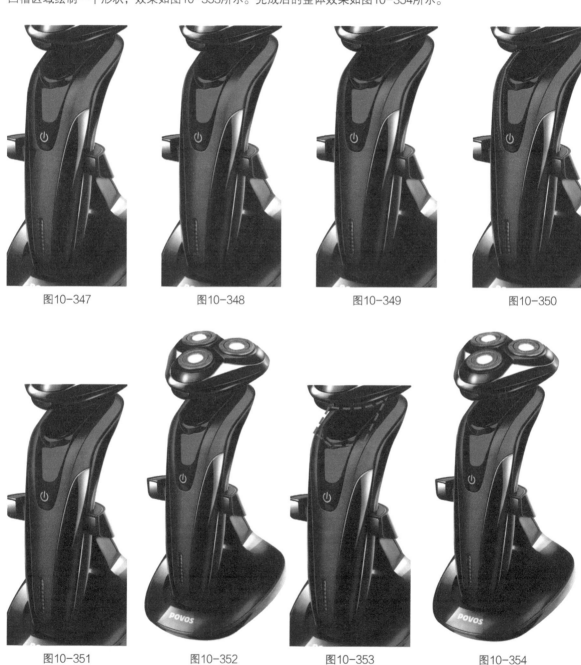

图10-347　　　　　　　　图10-348　　　　　　　　图10-349　　　　　　　　图10-350

图10-351　　　　　　　　图10-352　　　　　　　　图10-353　　　　　　　　图10-354

17 整体为机身的各个凹槽部位添加光影细节。用"钢笔工具" 在机身上半部分的凹槽边缘绘制一个形状，作为高光效果，如图10-355所示。接着在机身的右侧绘制一个较亮的形状，效果如图10-356所示。在"图层"面板中将该图层的"混合模式"设为"正片叠底"，效果如图10-357所示。完成之后添加图层蒙版，用"画笔工具" 对该形状进行适当的涂抹处理，效果如图10-358所示。完成后的整体效果如图10-359所示。

图10-355

图10--356

图10-357

图10-358

图10-359

18 为机身中间区域的黑色部分添加光影。用"钢笔工具" ⊿ 沿着机身中间区域的黑色部分的边缘绘制一个黑色形状，效果如图10-360所示。在绘制好的效果的右半部分绘制一个较亮的形状，作为这部分的高光，效果如图10-361所示。完成之后添加图层蒙版，用"画笔工具" ⊿ 对形状的右端进行涂抹处理，效果如图10-362所示。完成之后将效果复制一层出来并原位叠加进去，如图10-363所示。在"图层"面板中将该图层的"混合模式"设为"柔光"，效果如图10-364所示。完成后的整体效果如图10-365所示。

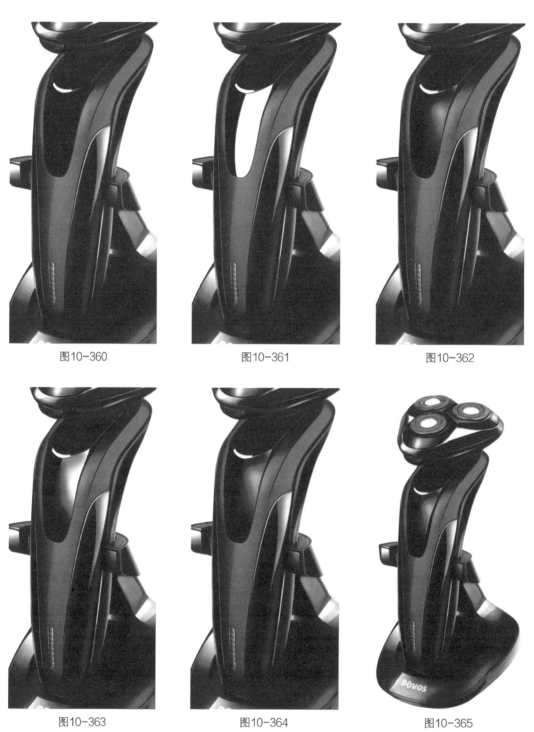

图10-360　　　　　　　　　　图10-361　　　　　　　　　　图10-362

图10-363　　　　　　　　　　图10-364　　　　　　　　　　图10-365

19 用"钢笔工具" 在上一步绘制好的效果的右侧绘制一个形状，如图10-366所示。添加图层蒙版，用"画笔工具" 着重对形状的左端进行涂抹处理，效果如图10-367所示。接着在黑色区域偏下的位置绘制一个形状，效果如图10-368所示。添加蒙版并对该形状进行涂抹处理，效果如图10-369所示。完成之后在黑色区域的上端绘制一个黑色形状，效果如图10-370所示。在黑色形状的左端绘制一个较亮的形状，效果如图10-371所示。在"图层"面板中将亮色形状图层的"混合模式"设为"柔光"，效果如图10-372所示。执行"窗口/属性"菜单命令，在"属性"面板中调整"羽化"值，效果如图10-373所示。绘制完成后的整体效果如图10-374所示。

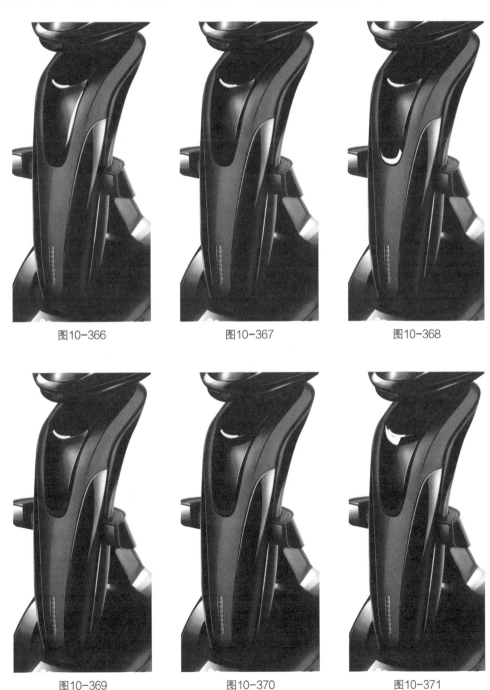

图10-366　　　　　　　　　　图10-367　　　　　　　　　　图10-368

图10-369　　　　　　　　　　图10-370　　　　　　　　　　图10-371

图10-372	图10-373	图10-374

20 为了增加凹槽的体积感，继续将机身各凹槽部位的光影强调一下。在刚才绘制的亮部位置左侧绘制一个形状，效果如图10-375所示。在"图层"面板中将该图层的"混合模式"设为"柔光"，效果如图10-376所示。完成后的整体效果如图10-377所示。

图10-375	图10-376	图10-377

21 在剃须刀凹槽左上方位置用"钢笔工具" ⦸ 绘制一个细长的白色形状，然后在"属性"面板里调整其羽化值。添加图层蒙版，使用"画笔工具" ⦸ 适当涂抹白色形状的两边，效果如图10-378所示。以同样的方法在白色形状相对靠里的位置绘制一个白色形状，以强调剃须刀颈部的结构，如图10-379所示。接着以同样的方式在凹槽的右侧位置绘制一个白色形状。添加图层蒙版，将"画笔工具" ⦸ 设置为黑色，然后对靠近刀头的部分进行涂抹，如

图10-380所示。在凹槽靠近刀头底部的位置绘制一个黑色形状。在该图层上方新建一个空白图层，按住Alt键并将鼠标指针放在两个图层中间，创建剪贴蒙版。将画笔设置为深灰色，在该形状的中间和右边区域进行适当涂抹，效果如图10-381所示。

图10-378　　　　　　图10-379　　　　　　图10-380　　　　　　图10-381

22 用"钢笔工具" 在涂抹深灰色的区域绘制一个白色形状。在该图层上添加蒙版，用黑色"画笔工具"对形状的左侧进行涂抹，使其过渡自然，如图10-382所示。接着在黑色区域图层的上边缘和下边缘各绘制一个白色形状，并将其嵌套进黑色区域图层，效果如图10-383所示。对这两个图层稍做羽化处理，并添加蒙版，将其左右部分用黑色"画笔工具"做适当涂抹，使效果更自然。完成后的效果如图10-384所示。

图10-382　　　　　　　　　图10-383　　　　　　　　　图10-384

10.4.8　添加图文信息

将以上所有操作都完成之后，添加图文信息。对于一些大型剃须刀品牌，其机身上的图文信息都是经过精心设计的，因此在修图前都会提供相关源文件。在修图时只要将提供的文件粘贴上去，并稍微调整一下透视效果就可以了。但是在这里，我们需要自己制作。用"钢笔工具"勾勒出开关形状，然后绘制出"4D"字样。用"文字工具"输入相应的品牌文字信息，并对整体进行适当的透视调整，效果如图10-385所示。

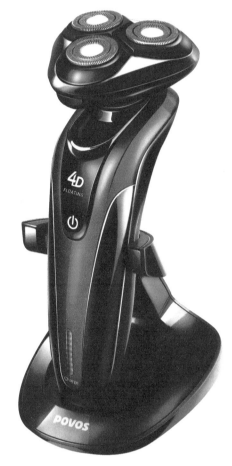

图10-385